U0236735

历史与回忆

[美] 布莱恩 · W. 克尼汉 著
(Brian W. Kernighan)

韩磊
译

陈硕
审校

人 民 邮 电 出 版 社
北 京

图书在版编目（CIP）数据

UNIX传奇 : 历史与回忆 / (美) 布莱恩·W.克尼汉 (Brian W. Kernighan) 著 ; 韩磊译. -- 北京 : 人民邮电出版社, 2021.3（2024.5重印）
ISBN 978-7-115-55717-9

Ⅰ. ①U… Ⅱ. ①布… ②韩… Ⅲ. ①UNIX操作系统 Ⅳ. ①TP316.81

中国版本图书馆CIP数据核字(2021)第010764号

内 容 提 要

自 1969 年在贝尔实验室的阁楼上诞生以来，Unix 操作系统的发展远远超出其创造者们的想象。它带动了许多创新软件的开发，影响了无数程序员，改变了整个计算机技术的发展轨迹。

本书不但书写 Unix 的历史，而且记录作者的回忆，一探 Unix 的起源，试图解释什么是 Unix，Unix 是如何产生的，以及 Unix 为何如此重要。除此之外，本书以轻松的口吻讲述了一群在贝尔实验室工作的发明天才的有趣往事，书中每一个故事都是鲜为人知却又值得传播的宝贵资源。

本书适合对计算机或相关历史感兴趣的人阅读。读者不需要有太多的专业技术背景，就可以欣赏 Unix 背后的思想，了解它的重要性。

◆ 著　　　　[美] 布莱恩·W. 克尼汉（Brian W. Kernighan）
　译　　　　韩　磊
　审　　校　陈　硕
　责任编辑　郭　媛
　责任印制　王　郁　焦志炜

◆ 人民邮电出版社出版发行　　北京市丰台区成寿寺路 11 号
　邮编　100164　　电子邮件　315@ptpress.com.cn
　网址　https://www.ptpress.com.cn
　北京捷迅佳彩印刷有限公司印刷

◆ 开本：880×1230　1/32
　印张：8.25　　　　2021 年 3 月第 1 版
　字数：227 千字　　2024 年 5 月北京第 4 次印刷

著作权合同登记号　图字：01-2020-2165 号

定价：89.00 元

读者服务热线：(010)81055410　印装质量热线：(010)81055316
反盗版热线：(010)81055315
广告经营许可证：京东市监广登字 20170147 号

版权声明

说　　明

UNIX 系统的正式写法是全大写的 UNIX。本书作者出于个人喜好，使用 Unix 代替 UNIX（见本书相关章节）。为尊重作者、保留原文风格起见，除书名位置使用规范的 UNIX 字样外，中文版的封面文字与书中文字均与作者喜好保持一致，使用首字母大写的 Unix。

推 荐 辞

Unix 从诞生到现在，已经半个世纪过去了。很难想象没有 Unix 的话，还会不会有互联网，会不会有智能手机，至少，世界会大不相同。这么多年来一直期待有一本讲述 Unix 发展历史的中文图书，现在终于可以看到了。Unix 的理念曾深刻影响了很多人的思考方式，我认为信息领域的每一位从业者都有必要阅读这本书。

——Fenng（冯大辉） 无码科技创始人

这本书是“书小故事大”，像是一本“小人书”，却有很强的故事感，翻译得也很不错，娓娓道来，读起来倍感舒畅，是一本有趣的、讲述 Unix 技术与系统发展史的故事集。

聪明的研发者、开明的管理者以及管理者与研发者共同营造的开放环境和宽松氛围，鼓励创新创造的企业文化和不断追求卓越的专业精神，持续的投资和投入，是 Unix 取得成功的关键要素。这些都是我们当前在倡导和推进科技创新、管理创新过程中值得好好学习、思考和借鉴的东西。

丹尼斯•里奇所言之因努力改善人类生活而获得愉悦的情怀，更是推动 Unix 不断发展、不断创新并得以广泛应用的、发自内心的原动力，这也是书中所言之人、之事、之史令人感动之所在！

——王胜开博士 / 教授　亚太信息安全领袖成就奖获得者

本书从布莱恩的人生轨迹切入，全书的脉络以 Unix 的关键成就和在这些关键成就里各个 Unix 核心的领袖人物的活动以及思考为切入点双向展开。对一切皆为文件、管道、grep、Yacc 等 Unix 的核心理念或工具的研发背景和研发考虑进行了深入描述。Unix 的诞生，受益的可能不是一群科学家，而是一群买不到机器的科学家。我们可以看到优秀的科学家在遇到问题时如何思考问题、解决问题，而这恰恰是我国当前操作系统教育、操作系统工作者最缺失的。

——冯富秋　阿里云智能系统技术负责人

这虽是一本介绍 Unix 历史的书，却向我们展示了一群发明天才丰富而有趣的工作和生活。它不仅带领读者见识了 Unix 操作系统中一些关键部分（如 Yacc、Lex、Make、grep、sed、awk 等）的来龙去脉，讲述了肯·汤普森、丹尼斯·里奇、道格·麦基尔罗伊等人的传奇故事，还展示了国际象棋计算机、贝尔实验室内部电话号码簿、彼得脸视力表、“龙书”等珍贵物品。正是因为这些，我不知不觉地看完了这本书，获得轻松愉快的阅读体验和回味无穷的精神滋养。

——朱少民　《全程软件测试》作者，同济大学特聘教授

对于计算机科学来说，Unix 操作系统是一个必不可少的组成部分，可以说如果没有 Unix 操作系统，世界将会是另一番景象。贝尔实验室

被公认为创新科技和创新管理的发源地，在计算机科学发展中扮演着难以替代的重要角色。而这本书，恰可以作为我们了解贝尔实验室 Unix 操作系统前世今生的重要参考。

——汤小丹教授　经典教材《计算机操作系统》第一主编

我们今天谈论 Unix 操作系统，可以发现其在计算机世界几乎无处不在的深远影响。当初在 Unix 里实现的诸多特性已经成为如今各种操作系统所遵循的事实标准。这本书的作者带着我们穿越历史时空回到 Unix 诞生之初，让大家得以一窥创造这件跨时代作品的有趣历史。如果你是计算机行业的从业人员，单单是了解这些如雷贯耳的名词如何诞生就会让你激动不已。即使没有深厚的技术背景，你也可以从这些闪耀着天才光芒的思想中获益良多。

——祁宁（Joyqi）　SegmentFault 思否 CTO

Unix 操作系统是计算机软件行业创新的“发动机”，也是众多世界级软件专家的摇篮。这个环境自由、开放，不迷信和崇拜权威，百花齐放，百家争鸣。在 C 语言奠基人之一克尼汉的这本风格轻松的回忆录中，除了那些令人着迷的故事，你还可以学习很多软件设计的基本原则，领悟解决软件核心复杂性问题的真谛。

——李锟　资深业务架构师

你的能力不可能超越你的鉴赏力。阅读顶级大师的书，特别是记录了历史演变和其心路历程的杰作，是提高鉴赏力的捷径。《UNIX 传奇：

历史与回忆》就提供了这样一次难得的机会。

——杨力祥　畅销书《Linux 内核设计的艺术》作者之一

Unix 是众多现代计算机技术的发源地、“培养皿”和“催化剂”，从某种意义上说，Unix 的历史就是现代计算机技术的发展史。如今，Unix 的架构思想和设计哲学已经潜移默化地影响了众多的技术领域，人们甚至习以为常。然而，只有在回望这段往事时，我们才能重新思考和赞叹初代工程师的“神机妙算”。

这本兼备严谨与通俗的《UNIX 传奇：历史与回忆》带我们回到了那个创新、进取的时代，以亲历者的视角分享了有关 Unix 的历史与故事，读来令人激动不已。

——邱岳　无码科技产品经理，“二爷鉴书”作者

Unix 的主要创造者之一的亲身回忆，有助于我们理解操作系统的精髓，领悟他们的开拓精神。在硬件可编程、硬件可重构时代，操作系统对电子信息类专业的教师和学生也是非常重要的。

——张有光　北京市教学名师，

北京航空航天大学电子信息工程学院博士生导师、教授

30 年前读轧钢硕士时遇到 Unix，25 年前读计算机硕士时研究 Minix，23 年前成为程序员时使用 Solaris，17 年前创业时研发产品基于 Linux，而 Minix、Solaris、Linux 都是由 Unix 演变或改造而来的。可以说，30 多年来，Unix 架构思想及编码技巧一直影响着我在技术之路上

前行的每一步。

今天拜读了布莱恩大行至朴的《UNIX 传奇：历史与回忆》，这使我更走近且走进了 Unix，同时也使我更深刻地体会到：

- 个人将兴趣、特长、工作融为一体是何等的幸福；
- 组织保护、激发、激励成员的创造力是何等的宝贵；
- 产品面向实际需求、大道至简地研发是何等的重要。

——陈刚　上海开源大数据研究院院长，中云数据总裁

作为操作系统的热爱者和授课教师，虽然接触 Unix 系统已经将近 30 年，但这本书仍给我带来前所未有的惊喜。它通过一个个清晰、生动的故事，以独特的视角回顾了 Unix 的历史演进过程。比如，肯 • 汤普森如何在不到一个月的时间，用汇编语言神奇地实现了包含文件系统的操作系统内核、文本编辑器、汇编器以及一个命令行界面；丹尼斯 • 里奇发明的 C 语言，如何深刻地影响了 Unix 以及各种软件。而这一切又在很大程度上起源于 MIT（麻省理工学院）提出的 Multics。

这些有趣和激动人心的故事，使我不禁期待，从 Unix 诞生到现在已经有 50 年，下一个 Unix 在哪里？下一个 C 语言在哪里？也许下一个伟大的肯 • 汤普森或丹尼斯 • 里奇，就在这本书的读者中。

——陈渝　清华大学计算机系副教授

Unix 技术本身对于现代操作系统和应用影响深远，是毋庸置疑的，这本书给出了最谦虚而自信的描述。技术之外，文化和组织部分也是值得我们关注的部分，这本书也娓娓道出了其中的“玄机”：开放、平等、

频繁交流、问题不设限、宽松、享受工作本身、注重知识传播、保持和高校的关系、友好的协作精神等是 Unix 成功的重要原因。

——适兕　开源布道师

作为操作系统行业的从业人员，我能切身体会到 Unix 的重要性。没有它，如今手机上的 Android 和 iOS、电脑上的 Windows、云计算中被广泛使用的 Linux 就无从谈起；没有它，石油开采、航空航海、机械制造、金融商业的效率水平无法预测；没有它，国产操作系统之路又何其漫漫。过去 20 年，国产操作系统正在渐渐从"可用"阶段向"好用"阶段良性发展，并且在国家防范网络攻击与威胁等安全领域扮演着核心角色。可见 Unix 的诞生对国产操作系统开发的作用也是不可估量的。阅读这本书，让我想起了读传记大师斯蒂芬·茨威格的名著《人类群星闪耀时》时的感觉，仿佛自己就是当年贝尔实验室的一员，与各位发明天才零距离相处，身临其境，见证历史。

希望更多的读者能够读到这本书，它会使你对 Unix 的历史和计算机发展进程有更深入的理解。也感谢这本书的译者和人民邮电出版社，向国内广大读者分享了一段如此精彩的历史往事。

——秦冰　统信学院执行院长

在计算机的发展史上，Unix 举足轻重，理查德·马修·斯托尔曼在 1983 年发起了自由软件运动，要做一个完全自由的操作系统，选择了兼容 Unix，但又不是 Unix，所以叫"GNU's not UNIX"，进而发展出 GNU/Linux 开源软件运动，以及现在的 Android 操作系统等。整个过程引发了在技术、法律、全球社群、文化、协作模式、互联网等各个方面的一系列持续创新。今天，Unix 看似已经不复存在，但却又无处不在，Unix 是传奇！

——徐继哲　自由软件支持者，牛顿项目创始人

如今我们很难想象有那么多的图灵奖获得者曾在一个实验室共同工作，Unix 的历史可以说是早期软件业发展的一个缩影。那是一个辉煌的年代，大师云集，群星闪耀，工业研究与极客探索完美地结合。这本书正是亲历者对那份荣耀的记录。通过阅读它，我们不仅能够近距离感受到那些伟大工程师的睿智，也能够发现他们兴趣是如此广泛而又深远地影响了此后的各类软件设计。在这个软件工程师都在自嘲为“码农”的时代，我认为真的有必要感受一下那些理想主义工程师的视野和生产力。

——程显峰　原石资本合伙人

如果将操作系统比喻成酒，那么 Unix 应该是所有操作系统的“基酒”，因为有了它，才有了现在的互联网 / 物联网世界。这本书不仅介绍了 20 世纪最伟大的发明之一——Unix 的来龙去脉，激发了更多人对科技的兴趣，还从侧面介绍了 Unix 诞生的大环境——贝尔实验室。对于努力发展前沿科技的我们，也许能从贝尔实验室的发展中获得更多启示，包括资本制度、运作机制、人才建设等。

——霍泰稳　极客邦科技创始人兼 CEO

Unix 传奇往事的启示

这本书唤起了我久违的编程记忆，1990 年我在大学里啃读这本书作者写的《C 程序设计语言》，1992 年我的好友梁肇新（超级解霸创始人）手抄 Minix 源代码一万多行。

最近 30 年全球经济取得巨大发展，经济发展最大的推动力源自信息技术创新。

然而全球最领先的企业都是软件驱动的。不用说谷歌、腾讯，就连硬件领域最大公司苹果的创始人史蒂夫·乔布斯 2007 年也说过："苹果公司最大的秘密，那就是苹果把自己看成是一家软件公司。如果你仔细想一下 MacBook 是什么，它是 OS X 操作系统——虽然它也有一个漂亮的外壳，但它是 OS X 操作系统。如果你想一下 iPhone 是什么，它也是软件。"

软件技术的"皇冠明珠"就是操作系统。所有行业都在数字化，数字化的服务就是操作系统控制的各种程序，我们现在依赖的各种网站、云计算、大数据、手机通信及航空航天技术的背后都是操作系统在控制调度的。

Unix 是现代操作系统的鼻祖。从 Unix 到 FreeBSD，再到 OS X，最后到 iOS 应运而生。由于 Unix 的版权纠纷和 Minix 的封闭，Linux 诞生了，而后又产生了 Android。

Unix 的创造者奠定了操作系统的标准基石，Unix 的“分而治之”设计哲学——让每个程序做好一件事；要做一件新的工作，就构建新程序，而不是通过增加新“特性”使旧程序复杂化——被优秀程序员奉为圭臬。

文件、目录、系统调用、shell、管道，还有一大批优秀的生产力工具，如 grep（正则表达式）、diff、Lex、Yacc、Make 等，都凝结着 Unix 创造者的智慧和心血。

贝尔实验室是在美国科学创造的黄金时代产生的。作者布莱恩身处贝尔实验室，见证了 Unix 的诞生，他用有趣的文字和翔实的资料给我们展示了 Unix 如何从无到有，以及如何从一个实验项目成长为工业级的事实标准的故事。

一大批天才人物聚集在一起，没有生活的压力，没有 KPI 的烦恼，自由地探索科学的发展和应用。即使是贝尔实验室的小角色后来都成了大人物，比如谷歌前董事长埃里克•埃默森•施密特就曾作为贝尔实验室实习生参与编写 Lex 第一版程序。这些天才人物是什么样的个性？创作一个个优秀工具的时候他们经历了什么样的思考和过程？什么样的环境和机制才能带来这样的创造性？这些精彩往事值得细读。

为什么我们今天要读这本书？

数百年的科技发展史告诉我们，谁掌握了科技的创新，谁才能成为全球经济的主导者。当今我国在互联网应用和移动应用方面已走在世界前列，但在系统科技领域、原创科技领域还乏善可陈，我们正面临信息技术的又一次大革命，5G、人工智能、物联网、区块链等技术进一步发展。生逢其时，中国科技工作者需要从应用创新走向系统创新，需要沉下来去钻研突破重大的基础课题，需要争做科技创新的时代先锋。

怎样构造这样的环境？怎样激发这样的人才？怎样驱动科技创新？这些问题都可以从这本书略见端倪。小米创始人雷军说过大学里读到的《硅谷之火》激励了他从事软件创业，希望这本Unix创造者的精彩故事集也能激励年轻科技工作者从事系统科技的研究与创新。

蒋涛

2020年12月

计算机世界的原力觉醒

20 世纪的六七十年代可以说是人类现代史上非常特殊的年代，整个西方世界散发着一种迷人的味道，掀起摇滚乐、嬉皮士、爱与和平等文化新浪潮，像披头士、皇后乐队、齐柏林飞艇等经典摇滚乐队在那时诞生……那些脍炙人口的作品到今天还在传唱。那个年代的科技也突飞猛进，NASA 送人上月球，还进行全世界电视直播，离开仙童公司的工程师们创建了 AMD 和 Intel，从此揭开了芯片的硅谷时代。AT&T 创办的贝尔实验室带来的成果举世瞩目，贝尔实验室除了不断地获得诺贝尔奖和图灵奖，还不断地发明改变人类所需的新技术。什么晶体管、太阳能电池、激光器、手机、通信卫星……这段时间发生的事，对于我来说，就跟追科幻或是超级英雄的美剧一样，一季接一季，里面的超级英雄，一个接一个，让人无法不惊叹称奇。

贝尔实验室对计算机发展的贡献着实让人佩服，在他们退出 Multics 项目后，肯 • 汤普森在一台被弃置的只有 24KB 内存和 512KB 磁盘的计算机上用 3 周开发了一个 Unix 的原型。24KB 内存！ 512KB 的磁盘！这算计算机吗？！还要编写个操作系统出来？而且 3 周就写出来了，可以编辑和编译程序，有 shell 和 API……一般来说，如果一部电影是这样的开场，那么这必然是一部超级精彩的电影。随后，丹尼斯·里奇把肯的B语言加上类型造就了C语言；道格·麦基尔罗伊神来一笔，提出了管道的想法，肯实现完后自己玩了一下，叹道“好震撼”；管道下的grep、sed、awk加上正则表达式，让文本处理变得无所不能；史蒂夫·伯恩编写的shell让Unix命令可以进行编程，让Unix变成无所不能；Yacc、Lex、Make等工具让你可以轻松地创建一门语言，从而导致了编程语言快速演进（如Fortran 77和C++）；随着AT&T把Unix的代码授权给各大高校，加州大学伯克利分校有个叫比尔·乔伊的人为Unix添加了vi文本编辑器和C语言的shell、csh，再加上改变世界的TCP/IP协议的socket接口……这帮“超级英雄”编写的书（如“龙书”《编译原理》《C程序设计语言》《编程珠玑》）到今天都是经典中的经典。当时的贝尔实验室简直就是科研人员的聚集地。招聘团队就像今天的“球探”一样到处招“牛人”，只要你有足够的能力，他们就会主动找到你家里，或出现在你旅游途中。他们就像神盾局一样，一定会邀请你加入“复仇者联盟”——贝尔实验室。在那里你要找你自己的研究方向和课题，然后专心科研，所做项目还能注册专利，说不定还能获得图灵奖。

然而，这还不是最酷的，这只是这部“超级英雄”电影的第一季。在Unix广为流传之后，本来致力于改变世界的AT&T被美国政府拆分，变成真正的“死星”。他们开始商业化Unix，向整个世界发难，向伯克利的Unix衍生版BSD提起诉讼，并把对Unix热情高涨的“银河联盟”冲得七零八落。经过两次拆分，贝尔实验室风光不再，那些“绝地武士”们也不得不隐忍起来，直到一个叫理查德·马修·斯托尔曼的开源狂人，与一个21岁的芬兰大二学生，在两个不同方向上开始发起集结，向“银河帝国”发起挑战。林纳斯·托瓦兹把那些隐于深林的“绝地武士”再次召集起来，让 Unix 以 Linux 方式得以重生，开始了真正的“帝国反击战”……

今天，我们回头看肯·汤普森、丹尼斯·里奇、道格·麦基尔罗伊、阿尔·阿霍、彼得·温伯格、布莱恩·W. 克尼汉、比尔·乔伊……这些人就像世界的开创者一样，早在三四十年前就为未来计算机世界编制了迷人的 DNA，这个 DNA 就是 Unix 和 C 语言。今天，整个计算机世界全都有 Unix 和 C 语言的印记。不仅如此，Unix 的“设计哲学”以及 Unix 所带来的为自由而开源的“黑客文化”也成为最纯正的计算机文化，推动着整个人类计算机文明的向前发展。只有了解这些璀璨的历史和文化，我们才知道计算机世界中真正的格局和品味是什么，也才知道真正的原力是什么。

愿原力与你同在！

陈皓（左耳朵耗子）

2020 年 12 月

见证软件历史丰碑

与人类的历史相比，软件的历史很短。1843 年，英国大诗人拜伦的女儿埃达·洛夫莱斯（Ada Lovelace，1815—1852）为数学家巴贝奇的分析引擎编写了一个用于计算伯努利数的程序。凭借这段程序，埃达享有了第一个程序员的美名。她编写的伯努利数程序被认为是人类历史上的第一个计算机程序。这如果算作软件历史的起点，那么距今还不到 200 年。

在埃达去世大约 100 年后，另一个伟大的女性在软件历史上立下不朽功勋。她的名字叫格蕾丝·霍珀（Grace Hopper，1906—1992），她在 UNIVAC I 大型机上开发出了一个名为 A-0（Arithmetic Language version 0）的特殊软件，这个软件可以把人类书写的程序自动编译为可以在计算机上执行的程序。这样的程序很快被赋予一个专有的名称——编译器。

编译器的出现，不仅解决了手工翻译的诸多不足，而且证明了一种新的“软件生产模式”，那就是可以使用适合人类理解的高级语言来编写软件，然后交给编译器翻译为适合机器执行的二进制程序，不再像以前那样非得使用晦涩的计算机硬件语言来编写程序。

基于编译器的“软件生产模式”被广泛认可后，具有不同特色、适合不同应用领域的高级语言——Fortran（1957）、ALGOL（1958）、COBOL（1959）、BASIC（1964）纷纷出现了。

高级编程语言的出现，让人类更容易把自己的智慧转换为代码，也降低了编程的门槛，让更多人可以编写软件。这为软件大生产和构建更复杂的软件世界奠定了基础。

于是，软件和代码的数量每分每秒都在不断增加。日益增加的软件刺激硬件的发展，更强大的硬件出现后，继续催生了更多和更复杂软件的出现。

软件世界变得日益复杂之后，这个世界亟待出现一个优秀的“管理者”，它能很好地统筹宝贵的硬件资源，为不同功能的应用软件提供丰富的基础设施和安全公平的“生存”环境，为不同身份的用户提供简单易用的人机接口。

在这样的背景下，Unix 出现了。Unix 是什么？它是计算机历史上的一座丰碑，是一种文化的代表，是一种哲学的例证，是不朽的传奇。

伴随 Unix 一起成名的还有一种伟大的编程语言，它就是 C 语言。在今天仍在广泛使用的编程语言中，C 语言绝对是响当当的前辈。今天我们使用的几大主流操作系统的内核代码主要是使用 C 语言编写的。

无论是 Unix 还是 C 语言，每当说到它们的发明者，都不得不提到两个名字：丹尼斯 • 里奇（1941—2011）和肯 • 汤普森（1943— ）。他们的年龄相近，只差两岁。他们是一起工作多年的同事，是相互欣赏的好朋友，是共同开创伟大事业的盟友。

Unix 和 C 语言是软件历史上的两座丰碑，我一直想深入学习这段历史。于是在拿到《UNIX 传奇：历史与回忆》的试读本之后，我手不释卷，很快便把它从封面读到封底。感谢那段历史的亲历者布莱恩博士在古稀之年为我们把这段珍贵的历史变为永恒的文字。

张银奎

2021 年 1 月

译 者 序

Unix 的主要创造者肯·汤普森到贝尔实验室面试时，沿计算科学研究中心的走廊漫步，两边办公室上的名牌写满了他听说过的人名。这就是我读这本书时的感受：书中提到的许多名字，早已如雷贯耳。在我心目中，他们全是大神级人物，高高在上，凡夫不可亲近。

全书译完，这些人从神坛走下来，就地现出极客真面目。无论做出过什么非凡成果，原来，他们都是“不折不扣的程序员”。以我之见，程序员的追求就是让机器听话，让工作自动化，让人类生活更美好。昔年 Unix 核心团队乃至贝尔实验室计算科学研究中心的一众精英，无疑都是秉承这个初衷，尽展所长，才取得如此辉煌的成就的。

几十年过去了，“让机器听话”部分演变为“让机器听得懂人话”。人工智能科技进步巨大，在一些领域中，机器展现出可观的能力，替代了相当一部分人工。在翻译本书的过程中，我大量使用了 DeepL 翻译工具。有时，DeepL 给出的译文可以用“惊艳”来形容；就算是那些不够出色的译文，约七成也能达意。这意味着，对于非文学类作品，自动化翻译工具已相当接近初译要求的水平。即使不能完全替代人类译者，自动化翻译工具在不远的未来也将成为人类译者的亲密伙伴。人类译者也许最终会变成审校者。

另外一方面，机器也在赋能于人。例如，我目前关注的 AR（Augmented Reality，增强现实）领域，已有许多技术可以让人看得见原本看不见的东西。在某个项目中，警员佩戴 AR 智能眼镜巡逻，3 个月内识别出近 400 个重点管控人员。在另一个项目中，无人机搭载违法识别和车牌自动识别技术，极大地提升了交警处置效率。机器与人共同发展，未来可期。

本书作者认为，宽松的环境、稳定的投入、专业人士是贝尔实验室成功的要素。我翻译的《梦断代码》恰好是这种看法的反例：没有期限、几乎无限量的资本、十几个精英程序员，只换得美梦破灭。世界已经变得不同。开放源代码、远程协作、增长黑客……开发模式与商业模式相互促进，“数据”变得与“代码”和“算法”一般重要甚至更重要。可以预见，计算与连接将“遍及万物”。生活会更好还是会更糟？我相信一定会更好。

我的老朋友陈硕认真阅读了译稿，提出许多修改意见。术语方面的意见我几乎照单全收，其中有一些错译或文字不准确是我的疏忽，但大部分完全是我的知识储备不足使然。至于文本、语句方面的改进意见，我保留了大部分原译。盖此事关乎个人文字风格，见仁见智，留待读者评判吧。算来我与陈硕已有十几年没有见面，各自做着自以为能让世界更美好一点的事情，这大概算是程序员共有的一点小情怀吧。

韩磊
2020 年 9 月

写给中文版读者的话

1969 年，肯 • 汤普森（Ken Thompson）和丹尼斯 • 里奇（Dennis Ritchie）在贝尔实验室（Bell Labs）创造了 Unix 系统。50 年后，Unix 系统在全世界被广泛应用，多数时候以 Linux 的形态呈现，在从极小到极大的无数种计算机上运行。无论运行于何种计算能力与架构上，Unix 都提供了同样方便、富有表达力和极具生产力的环境，以及丰富的程序开发工具。Unix 系统构造优雅，使这些工具很好地结合在一起。

Unix 是怎么来的？贝尔实验室是怎样的机构？寥寥数位研究员组成的小团队是如何改变世界的？是什么让 Unix 成为可能，并推动它演进和发展？

我试图在《UNIX 传奇：历史与回忆》中回答这些问题。本书不仅写到技术内容，还写了许多幕后故事，写了那些天才人物的个性，以及 Unix 诞生和发展的独特创造性环境。

韩磊翻译的中文版问世，我倍感欣慰。相信它能帮助中国的朋友和同行了解 Unix 的历史。衷心希望您能享受到阅读的乐趣。

布莱恩 • W. 克尼汉

前　　言

“回忆往往披着玫瑰色的光晕，令人欢欣。回忆常驻于美好而持久的事物上，也常驻于因努力改善人类生活而获得的愉悦之中。”

——丹尼斯·里奇，

“The Evolution of the Unix Time-sharing System”

（Unix 分时系统的演进），1984 年 10 月

自 1969 年在贝尔实验室的阁楼上诞生以来，Unix 操作系统的发展远远超出其创造者们的想象。它带动了许多创新软件的开发，影响了无数程序员，改变了整个计算机技术的发展轨迹。

Unix 及其衍生产品在特定的技术社区之外并不广为人知，但它们是若干系统的核心，这些系统已是许多人生活的一部分。谷歌（Google）、脸书（Facebook）、亚马逊（Amazon）等提供的许多服务和其他大量服务都由 Linux 驱动。Linux 是类 Unix 操作系统，后文将会讲到。你的手机或 MacBook 运行着某种版本的 Unix 操作系统。如果你家里有 Alexa 等智能小电器，或者车上有导航软件，它们也由类 Unix 操作系统驱动。如果你浏览网页时总被广告轰炸，也是 Unix 操作系统在后面支撑。当然，基于 Unix 的追踪系统也知道你在做什么，以便更精

准地对你进行广告轰炸。

50 多年前，在一小群合作者和追随者的帮助下，有两个人创造了 Unix。由于一系列幸运的“意外”，我在其中亦有贡献，但绝不敢居功自傲。我顶多是写了一些有用的软件，还有几本帮助人们学习 Unix 及其语言、工具和哲学的图书。这要感谢那些顶尖的合著者们。

本书不但书写 Unix 的历史，而且记录了我的回忆，一探 Unix 的起源。本书试图解释什么是 Unix，Unix 是如何产生的，以及 Unix 为何如此重要。不过，本书绝非学术著作（脚注欠奉[①]），与我的初衷不同，它偏重回忆甚于历史。

本书为那些有兴趣了解计算或创新史的读者撰写。书中有一些技术内容，我会尽量给出解释，好让没有相关背景知识的读者能够领会基本概念，以及了解这些概念的重要之处。读者可以随意略过看起来太难懂的部分，不必逐字阅读。对于程序员，其中一些解释会显得太啰唆，还好书中有些对历史的思考仍然有用，与之有关的故事也颇有意趣。

我虽尽力求真，但回忆总有错漏。而且，那些我借以佐证的访谈、忆旧、口述、书籍和文章并不全然与我的记忆相符，甚至这些资料也会互相矛盾。

幸好很多早期参与其中的人士仍然健在，他们能够帮我去伪存真。他们的记忆也会有误，或者带有定见，但成书中的错漏皆我之过。

本书主要的写作目的是讲述计算机历史上某个极具生产力和发展性的时期中的一些精彩往事。理解我们习以为常地使用的技术如何演化而来，颇为要紧。有人顶住压力、克服时间限制，做出了定义技术发展方

① 原文如此。为帮助读者理解，译者添加了一些脚注。

向和路径的决策。越了解历史，我们越感激那些带来 Unix 的发明天才，或许也越能理解现代计算机系统是如何发展成现在这个样子的。仅就那些如今看起来大错特错抑或倒行逆施的选择而言，常常也是在当时可用资源限制之下所能考虑和实现的必然结果。

Unix 操作系统是故事的中心，但其余亦有涉及。我还将讲述被广泛使用的 C 语言，人们用它编写了支持互联网运行的系统及利用系统能力的各种服务。在贝尔实验室，还有一些编程语言随 Unix 而生，尤其要提到也被广泛使用的 C++。Word、Excel 和 PowerPoint 等微软 Office 软件就是用 C++ 写成的，大多数网页浏览器也是用 C++ 编写的。程序员们耳熟能详的一二十个日常开发工具，在 Unix 的早期就已问世，四五十年以来一直维持原状，至今仍在许多程序员的工具包中有一席之地。

计算机科学理论同样扮演着重要的角色，常常极大地推动实用工具的产生。硬件研究开拓出设计工具、集成电路、计算机体系架构，还有不常见的特殊用途设备。这些活动相互作用，往往带来预料以外的发明，这也是贝尔实验室在多个不同领域持续产出活力的原因之一。

科技创新的发生还与另一件有趣的事相关。Unix 诞生地贝尔实验室是很出色的机构，它既制造出许多好点子，也投资了这些好点子。多个改变世界的发明由贝尔实验室而起，它的运作机制值得学习。

Unix 的故事当然也贡献了大量有关设计和构造软件，以及有效利用计算机的洞见，我会在书中一一指出。例如，Unix 软件哲学倡导合用既有软件，完成很多不同任务，而不是从头写个新软件。这个例子简明又生动，它在编程领域体现了“分而治之”的故技：将大任务切分为多个小任务，每个小任务都变得更可控，然后再以各种不可思议的方式将之整合到一起。

最后，虽然 Unix 是贝尔实验室最抢眼的软件，但它绝非贝尔实验室对计算领域的唯一贡献。计算科学研究中心（The Computing Science Research Center），即传说中的“1127 中心”，或简称“1127”，在那二三十年里面生产力“爆棚”。Unix 激发了它的能力，Unix 也是它的工作基础，但 1127 中心的贡献远超于此。1127 中心的成员写出了多本重要著作，这些著作在后面的很多年里成为计算机科学的核心文献，也是程序员可以按图索骥的指南。1127 中心分外显赫，在当时及以后都是极具生产力和规模较大的计算机科学研究团体。

Unix 及其周边环境为何如此成功？区区两人的实验性产品如何演化为真正改变世界的东西？这是否是孤例？类似事件还会再发生吗？关于如此耀眼的成果能否被规划出来的大问题，我打算留到本书末尾再讨论。目前我认为，Unix 的成功是一些偶然因素的作用结果：两位杰出人士，一群优秀拥趸，卓越而开明的管理体制，有远见的公司的持续投资，允许离经叛道、大胆探索的自由环境。科技快速演进，硬件以指数级速度不断变小、变快、变便宜，推动了 Unix 的应用。

对我和贝尔实验室的很多同事而言，Unix 的早期岁月既富有活力，又充满乐趣。我希望这本书能让你略微感受到丹尼斯•里奇说的那种因努力改善人类生活而获得的愉悦。

致　谢

写作这本书时，联系到那么多老朋友和旧同事，真是意外之喜。他们慷慨地分享了自己的回忆和好故事，其宝贵程度无以言表。书中虽未能全数收纳，但光是得以耳闻我已颇为满足。这些优秀的前同事让我获益匪浅。

本书中满是人物事迹，但对其中 3 位着墨最多，没有他们，Unix 就不会问世。他们是肯・汤普森、丹尼斯・里奇，还有道格・麦基尔罗伊（Doug McIlroy）。肯和道格给本书提出了很多宝贵意见，尽管他们根本无须对我搞错的地方或我的无心快语负任何责任。我也从丹尼斯的兄弟约翰（John）和比尔（Bill）处得到很多有价值的评论与建议。丹尼斯的侄子萨姆（Sam）亦就几版书稿提供了一些具体意见。

乔恩・本特利（Jon Bentley）一如既往地给出了无价的洞见、文稿组织和重点方面的有益建议、许多轶事，还有写作上（起码六七版书稿）的具体意见。承蒙指教，谨致谢意。

杰勒德・霍尔兹曼（Gerard Holzman）除了提供建议，还分享出压箱底的资料和许多原始照片，这些照片丰富了本书的视觉趣味。

保罗・克尼汉（Paul Kernighan）阅读了多版书稿，并指出多处文字错误。他还帮忙拟了几个很棒的书名，但我最后还是心怀遗憾地没有使

用 *A History of the Unix-speaking Peoples*① 这个书名。

阿尔·阿霍（Al Aho）、迈克·比安基（Mike Bianchi）、斯图·费尔德曼（Stu Feldman）、史蒂夫·约翰逊（Steve Johnson）、迈克尔·莱斯克（Michael Lesk）、约翰·林德曼（John Linderman）、约翰·马希（John Mashey）、彼得·诺伊曼（Peter Neumann）、罗布·派克（Rob Pike）、霍华德·特里基（Howard Trickey）和彼得·温伯格（Peter Weinberger）审阅了书稿，提供了不少 Unix 早期的故事，在书中多有引用。

迈克尔·巴昌德（Michael Bachand）、戴维·布罗克（David Brock）、格雷丝·埃姆林（Grace Emlin）、马亚·哈明（Maia Hamin）、比尔·乔伊（Bill Joy）、马克·克尼汉（Mark Kernighan）、梅格·克尼汉（Meg Kernighan）、威廉·麦格拉思（William McGrath）、彼得·麦基尔罗伊（Peter McIlroy）、阿诺德·罗宾斯（Arnold Robbins）、乔纳·西诺维茨（Jonah Sinowitz）、本贾尼·斯特劳斯特鲁普（Bjarne Stroustrup）、沃伦·图米（Warren Toomey）和珍妮特·韦尔泰希（Janet Vertesi）也给本书提出了很多有用的意见。

对于他们的慷慨相助，我深深感激，但文责自负。过去 50 年以来，有很多人为 Unix 做出过重要贡献，书中未能尽录，谨致歉意。

---

① 脱胎于温斯顿·丘吉尔的名作 *A History of the English Speaking Peoples*（《英语民族史》）。

目　录

第 1 章　贝尔实验室

"一套策略，一个系统，普遍服务。"

——AT&T 的使命陈述（1907 年）

"乍看之下，贝尔电话实验室新泽西州主要办公地就像是一个巨大的现代化工厂，与周边乡村环境格格不入。从某种意义上讲，它的确是工厂，但却是生产创意的工厂。所以，它的生产线也不可见。"

——阿瑟 • 克拉克（Arthur Clarke）《越洋之声》

（*Voice Across the Sea*）（1974 年），

引自乔恩 • 格特纳（Jon Gertner）《创意工厂》

（*The Idea Factory*）（2012 年）

要了解 Unix 是如何产生的，得先了解贝尔实验室，尤其是其运作机理，以及它提供的创意环境。

AT&T，即美国电话电报公司（American Telephone and Telegraph Company），由分布于美国各地的多个当地电话公司组合而成。在其发展历史的早期阶段，AT&T 意识到，它需要一个研究机构，系统解决在建设全国电话系统时遇到的科学和工程难题。1925 年，AT&T 创办研发子公司贝尔电话实验室（Bell Telephone Laboratories），意在解决这些难题。该机构通常被简称为贝尔实验室（Bell Labs）或 BTL，有时甚至只是“实验室”，但电话系统始终是其关注的重点。

贝尔实验室最初位于纽约市西街 463 号。第二次世界大战之初，实验室的许多工作被移到了纽约以外进行。AT&T 积极援战，为大量重要军方事务提供专业方案——通信系统自然有份，另外还有高射炮火控计算机、雷达及密码学等。其中部分工作在纽约以西 33 千米的新泽西州郊区或乡村开展，最大规模的办公点位于墨里山。墨里山是新普罗维登斯及伯克利高地小镇群落的一部分。

图 1-1 展示了纽约市与新泽西州墨里山的相对位置。西街 463 号在哈得孙河畔，9A 高速公路标记往北一点点。墨里山的贝尔实验室位于新普罗维登斯和伯克利高地之间，正好在 78 号州际公路北侧。两个驻地都用圆点标出。

图 1-1　从纽约市到新泽西州墨里山

贝尔实验室的工作越来越多地移往墨里山，实验室于1966年完全搬离西街463号。在20世纪60年代，墨里山容纳了3000名员工，其中至少1000名拥有物理、化学、数学或各种工程方面的博士学位。

图1-2展示的是1961年墨里山园区的航拍照片。当时有3幢主要建筑。1号楼在右下位置；2号楼在左上位置；3号楼呈方形，有一个露天庭院。1号楼与2号楼原本由一条400米的长廊相连，20世纪70年代，2幢新楼断开了这条长廊。

图1-2 1961年的贝尔实验室（贝尔实验室供图）

从1967年做实习生开始，直至2000年退休，我在2号楼里工作了30多年。我待过的两个办公室都在侧翼的5层（顶层），图1-2中用红点标出。9号梯位于2号楼最远端，而8号梯则在比较靠近大楼中心的侧翼。早期大多数年月里，Unix房间被安置在6层阁楼，8号梯和9号梯之间。

图 1-3 所示为 2019 年贝尔实验室的谷歌卫星图片。6 号楼（图 1-3 的左上位置有个标记）和 7 号楼（图 1-3 的右下位置）建于 20 世纪 70 年代。自 1996 年开始的几年里，6 号楼是朗讯科技（Lucent Technologies）的总部。数数图中谷歌打的标记印证了多少贝尔企业史，颇为有趣："贝尔实验室"，出口车道处的"朗讯贝尔实验室"（Lucent Bell Labs），入口处的"阿尔卡特－朗讯贝尔实验室"（Alcatel-Lucent Bell Labs），以及 6 号楼大堂屋顶金字塔形截面尖角处的"诺基亚贝尔实验室"（Nokia Bell Labs）。

图 1-3　2019 年的贝尔实验室；6 号楼在左上位置

我不够资格书写贝尔实验室的详尽历史，幸而已有珠玉在前。我特别喜欢乔恩·格特纳的《创意工厂》，这本书主要写物理科学研究方面的内容。詹姆斯·格雷克（James Gleick）的《信息简史》（*The Information*）对于了解信息科学极有价值。贝尔实验室官方出品的《贝尔系统的工程与科学史》（*A History of Engineering & Science in the Bell System*）卷帙浩繁（共7卷，近5000页），既全面又权威，以我之见，也很有趣。

1.1　贝尔实验室的物理科学研究

贝尔实验室的早期研究涉及物理、化学、材料学和通信系统。研究员们有追随兴趣的自由，相关问题的环境资源也非常丰富，若想探索既满足科学兴趣又能有益于贝尔系统（Bell System）乃至全世界的领域，并非难事。

贝尔实验室做出了大量改变世界的科技成果。最早的是晶体管，由约翰·巴丁（John Bardeen）、沃尔特·布拉顿（Walter Brattain）和威廉·肖克利（William Shockley）于1947年在尝试为远距电话线路改进放大器时发明。20世纪40年代，业界亟待出现比真空管在物理上更可靠、耗能更少的设备，这是制造通信装备和构建最早的计算机的必要条件。这种需求推动了对半导体材料的基础研究，晶体管应运而生。

1956年，晶体管的发明者荣获诺贝尔奖。共有9项诺贝尔奖是因获奖者在贝尔实验室工作期间的成果而颁发的。贝尔实验室雇员还发明了负反馈放大器、太阳能电池、激光器、手机、通信卫星和电荷耦合器件（有了它，手机上的摄像头才能工作）等。

粗略估算，从 20 世纪 60 年代到 20 世纪 80 年代，贝尔实验室科研部门（主要在墨里山）拥有 3 000 名员工，另外还有 15 000 至 20 000 名员工隶属于其他地区的开发团队。这些开发团队利用科研部门的成果，为贝尔系统设计装备和系统。人真不少。谁给他们发工资呢？

AT&T 为美国大部分地区提供电话服务，确实是一家垄断企业，但并不能随意利用其垄断地位。联邦和各州管制 AT&T 各项服务的价格，而且不允许 AT&T 涉足与提供电话服务直接有关的业务之外的其他业务。

这套规管制度多年以来行之有效。政府要求 AT&T 向所有人提供服务，无论服务对象远在何方，或者是否有利可图，这就是所谓"普遍服务"（universal service）。与之相应，它也获得了稳定和可预测的总体回报率。

作为规管制度的一部分，AT&T 将一小部分营收拨付给贝尔实验室，专用于改进通信服务。实际上，贝尔实验室从全国范围内用户为每台电话缴纳的税款中获得回报[①]。据迈克尔 · 诺尔（A. Michael Noll）的论文，AT&T 将营收的 2.8% 投入研发，其中基础研究投入约占营收的 0.3%。放到今天，这样的安排不知能起多大作用，但在那几十年里，电话系统因此获得了持续改进，许多基础科学发现也因此应运而生。

持续的资金投入是研究工作的关键保障。这意味着 AT&T 能布局长

---

① 美国对享受通信服务的个人和机构征收消费税。这项税款由通信服务提供商代收，通信服务提供商将税款上缴美国国税局（Internal Revenue Service，IRS），获得退税。——译者注

远，贝尔实验室的研究员们也能自由探索那些未必有短期回报，甚至可能永无回报的领域。现今世界已全然不同，多数人只做未来几个月的规划，功夫都花在了预测下一季度财务状况上。

1.2 通信与计算机科学

贝尔实验室生来就是通信系统的设计、建造与改进先锋，研发范围涵盖从电话之类的消费类硬件到交换机基础设施、微波传输塔和光缆。

有时，对实践领域的广泛关注会带来基础科学的进步。例如，1964年，阿尔诺·彭齐亚斯（Arno Penzias）和罗伯特·威尔逊（Robert Wilson）着手解决“回声号”（Echo）“气球”卫星地面天线的噪声问题。最后，他们发现，噪声来自宇宙太初大爆炸（Big Bang）遗留的背景辐射。彭齐亚斯和威尔逊因这项发现获得了1978年的诺贝尔物理学奖。（彭齐亚斯说：“多数诺贝尔奖得主因他们所追寻的东西而获奖，我们却是因自己想干掉的东西而获奖。”）

贝尔实验室还有一项任务，那就是构建对通信系统工作机制的数学理解。克劳德·香农（Claude Shannon）基于第二次世界大战期间的密码学研究创建了信息论，这是最重要的成果。香农于1948年在《贝尔系统技术杂志》（*Bell System Technical Journal*）上发表“A Mathematical Theory of Communication”（通信的数学理论）一文，阐释了通信系统可传递信息数量的基本属性和限制。香农于20世纪40年代到1956年期间在墨里山工作，之后回到母校麻省理工学院任教。他于2001年去世，享年 84 岁。

随着计算机变得越来越强大、越来越便宜，其用途也拓展到数据分析、物理系统和过程的大型建模与仿真。贝尔实验室从 20 世纪 30 年代起就开始涉足计算机与电子计算，到了 20 世纪 50 年代末期，贝尔实验室已经建成多个容纳大型中央计算机的计算中心。

20 世纪 60 年代早期，一些人员从数学研究部门分离出来，与在墨里山操作大型中央计算机的人员一起，组成了计算机科学研究部门。新部门被命名为计算科学研究中心。在之后很短时间里，虽然该中心仍然负责为墨里山所有其他部门提供计算机服务，但它始终是科研机构，并非服务部门。1970 年，计算机设备管理团队就拆分出去了。

1.3　结缘贝尔实验室

本节写到好些我的个人经历，希望能告诉你是什么样的好运气让我选择电子计算作为职业，将我带入贝尔实验室这个举世无双的地方从事相关工作。

我出生于多伦多，曾就读于多伦多大学，专业是工程物理（后来改名为工程科学），这是为那些自己也不知道想学什么的人准备的“大杂烩”专业。我毕业于 1964 年，那时电子计算正处于早期阶段：我大三时才第一次见到计算机。整个学校只有一台 IBM 7094 大型计算机，算是当时最高端的设备。它拥有 32K（32 768）个 36 位字长的磁芯存储器（如今我们会说是 128 KB），还有大机械硬盘形态的次级存储。当时它价值足足 300 万美元，安放在空调机房中，由专业操作员照料，普通人（尤其是学生）不允许靠近。

所以，尽管我努力学习 Fortran 语言，但身为本科生，也只能浅尝辄止。对于那些曾经挣扎着写出自己第一段程序的人，我感同身受。我精读了丹尼尔•麦克拉肯（Daniel McCracken）的 Fortran II 大作[①]，学会了各种编程规则，但还是不懂怎样写出第一段程序。动手能力跟不上理论知识，这该是很多人都会遇到的障碍吧。

在大学生活第一年结束前的那个夏天，我在多伦多帝国石油（Imperial Oil）公司找到一份工作，加入为精炼厂开发优化软件的小组。新泽西标准石油（Standard Oil of New Jersey）公司是帝国石油公司的股东，标准石油于 1972 年更名为埃克森（Exxon）。

回想起来，我在实习时的表现远低于平均水平。我花了整个夏天的时间编写一套体量庞大的 COBOL 程序，用来分析精炼数据。我不记得其具体功能，但它肯定没能正常工作。我其实并不清楚如何编程。COBOL 缺乏对良好程序组织方式的支持，结构化编程也还未被发明出来。我的代码充斥着没完没了的 IF 语句，在我想到要做什么事时，将执行流程分支到另外某处。

我还尝试让 Fortran 程序在帝国石油的 IBM 7010 上运行，因为相对于 COBOL 而言，我对 Fortran 懂得多一点儿，而且 Fortran 大概更适合用来做数据分析。在与 JCL（IBM 的作业控制语言）搏斗了几周之后，我才发现 7010 上根本没有 Fortran 编译器。JCL 错误信息如此晦涩难懂，

---

① 应该是指 1961 年出版的《Fortran 编程指南》（*A Guide to Fortran Programming*）一书。麦克拉肯是纽约城市大学教授，著有 20 多本编程书。《Fortran 编程指南》盛行 20 多年，是 Fortran 语言的标准读物。——译者注

以至于以前根本没人搞清楚过这个问题。

度过略有挫败感的暑假之后，我回到学校继续完成学业。我对编程的兴趣依然强烈。学校没正式开设计算机科学课程，但我高年级时的论文都与人工智能有关。人工智能在当时是热门主题。定理证明器、下国际象棋和跳棋的程序、自然语言的机器翻译似乎触手可及，看似只需要一点点程序设计就可以实现。

1964 年毕业后，我不知何去何从，所以就像很多其他学生一样，打算直接读研究生。我申请了十来所美国大学（那时加拿大人不怎么申请美国学校），并有幸被其中几所录取，其中就有麻省理工学院和普林斯顿大学。普林斯顿大学说，完成博士学业通常需要 3 年时间，麻省理工学院说大概需要 7 年；普林斯顿大学提供全额奖学金，麻省理工学院说我得每周做 30 小时的研究助理工作——结论显而易见。而且，我的好友，高我一届的多伦多校友阿尔·阿霍，已就读于普林斯顿大学，于是我就去了普林斯顿大学。事实证明，这是一个超级幸运的选择。

1966 年，好运再度降临。因为普林斯顿大学研究生李·瓦里安（Lee Varian）上一年在麻省理工学院干得不错，所以我得到了暑期去麻省理工学院实习的机会。我在那儿使用兼容分时系统（Compatible Time-Sharing System，CTSS）和密歇根算法译码器（Michigan Algorithm Decoder，MAD，ALGOL 58 语言的分支）编写程序，为一种叫作 Multics 的新操作系统打造工具。我会在第 2 章中详谈 Multics。（Multics 本来拼作 MULTICS，但小写字母版本看起来更顺眼，其他全大写字母单词我也都会写成比较顺眼的形式，如将 UNIX 写成 Unix，哪怕这样写不符合史实。）

我在麻省理工学院名义上的老板是费尔南多·科巴托（Fernando Corbató）教授，人人都叫他“科尔比（Corby）”。他创建了CTSS，负责Multics，是一位了不起的绅士。1990年，科尔比因其为分时系统做的基础工作获得图灵奖。他于2019年去世，享年93岁。

除了带领团队设计、实现CTSS和Multics，科尔比还是输入密码访问计算机的发明人。批量计算很少用到这种方式，但运行共享文件系统的分时计算机的确需要某种安全机制来保护私有文件。

1966年夏天我在麻省理工学院时，系统自动为我生成了两个可拼读的短密码，我至今仍然想得起来。使用两个密码确有必要。夏日的某天，有人搞混了存储密码的文件和保存当日欢迎登录消息的文件。密码都是明文存储的，结果一登录系统就会看到所有人的密码。

我的办公室属于约瑟夫·魏岑鲍姆（Joseph Weizenbaum）教授，那个暑假他不在学校，记得办公室里也没有其他人。早在1966年，魏岑鲍姆就发表了对Eliza的描述。Eliza是模拟与罗杰斯学派心理学家对话的程序[①]，也是使用自然语言与计算机互动的早期尝试之一。它令人惊奇地有效，起码在我第一次看到时特别有效。我也乐意带领访客去看它。如今有许多模拟Eliza的网页程序，虽然这些程序很快就会“原形毕露”，但和它们聊几分钟还是很有意思的。

---

① 卡尔·罗杰斯（Carl Rogers）是人本主义心理学的创始人之一，首创非指导性治疗，主张患者通过自我调整恢复心理健康。Eliza实际上是一套自然语言处理程序，与罗杰斯学派心理学家对话只是其应用之一。这个应用可接收用户输入，通过模式匹配输出文本，令用户感觉似乎在与人对话。——译者注

ELIZA: Please tell me what's been bothering you.

YOU: I'm trying to write a book about Unix.

ELIZA: Is it because you are trying to write a book about unix that you came to me?

YOU: Yes.

ELIZA: You are sure.

YOU: Yes.

ELIZA: You seem to be quite positive.

YOU: Yes.

ELIZA: I see.

1967 年夏天，终极好运从天而降：墨里山的贝尔实验室计算科学研究中心让我去实习，老板是道格・麦基尔罗伊（图 1-4）。道格建议我研究内存分配评估问题，这也是他长期关注的方向。遵循最佳实习传统，我最终做出了与老板要求风马牛不相及的东西。我写了一套函数库，以方便在 Fortran 程序中做列表处理。整个夏天我都在墨里山的大型计算机 GE 635 上编写严密的汇编语言。GE 635 实际上是重整过后更有条理的 IBM 7094，同时也是 Multics 专用机 GE 645 的简化版。那差不多是我最后一次写汇编语言。尽管我所做的事从根上就走错了方向，但代码写得十分过瘾，让我与编

图1-4　道格•麦基尔罗伊，约1981年
（杰勒德•霍尔兹曼供图）

程结下了不解之缘。

1.4　办公空间

有时地理位置决定一切。

1967年实习时，我的办公室位于2号楼5层8号梯旁。上班第一天，我坐在办公室里（那些连实习生都有自己办公室的好日子啊），琢磨着该做些什么。上午11点，有个年纪略长的家伙出现在门口，说："嗨，我是Dick。走，吃午饭去。"

我没听清楚他姓什么。不过我想，行，为什么不呢？那顿午饭怎么吃的我完全不记得了，只记得饭后那位迪克某某就去了其他地方。我沿着走廊找到他办公室门上的名牌，上面写着"Richard[①] Hamming"！这位和善的邻居原来是一位名人。他是纠错码的发明者，也是我选修过的一门数值分析课所用教材的作者。

图1-5　迪克•汉明，约1975年，穿着他招牌式的格子正装（维基百科）

我和迪克（图1-5）成了好朋友。他观点鲜明，不惧表达，我觉得这会让一些人不爽，但我乐意与他为伍，

① Dick（迪克）是Richard（理查德）的昵称。类似的名字/昵称在后文还有出现，如Bob是Robert的昵称，Bill是William的昵称，Mike是Michael的昵称，等等。——译者注

而且多年以来他的建议令我获益良多。

他挂了个部门负责人的头衔，但他的部门却没有员工，这看起来有点儿古怪。他告诉我，他花了很大力气才弄来这个不用负具体责任的职衔。很久以后，当我当上管理十几号员工的部门主管时，我才明白拥有一个不用负具体责任的职衔有多么令人羡慕。

1968 年，他得到通知说自己获得了当年的图灵奖，这个奖现在被看作计算机科学领域的诺贝尔奖。我目睹了他的自嘲式反应：诺贝尔奖当时奖金价值 10 万美元，而图灵奖奖金价值 2 000 美元，他说自己得了 2% 个诺贝尔奖。这是第三届图灵奖，第一、二届分别颁给了艾伦•佩里斯（Alan Perlis）和莫里斯 • 威尔克斯（Maurice Wilkes），他们两位也是计算领域的先锋人物。迪克因其在数值方法、自动编码系统、错误侦测及错误纠正方面所做的工作而获奖。

迪克是促使我开始写书的人。写书是一件好事。他对大多数程序员评价甚低，因为他感觉他们没有得到像样的培训。至今他的话仍在我耳边萦绕：

> “我们给他们一本词典和一套语法规则，说：‘孩子，你已经是伟大的程序员了。’”

他认为，应该像教写作一样教编程。好代码应该与坏代码风格迥异，应该教会程序员如何写出漂亮的、风格优雅的代码。

对于怎样才能做到这一点，我和他有分歧。但我听取他的意见，于 1974 年写了我的第一本书《编程格调》（*The Elements of Programming*

Style），合著者是当时坐在我隔壁办公室的 P. J. “比尔”·普劳格（P. J. “Bill” Plauger）。我们仿效威廉·斯特伦克（William Strunk）和 E. B. 怀特（E.B.White）的《风格的要素》（*The Elements of Style*）[①]，展示写得差的代码片段，然后阐述如何对其进行改进。

《编程格调》这本书中的第一个例子来自迪克给我看的一本书。有一天，他冲进我办公室，手里拿着一本数值分析书，怒斥书中数值的部分写得有多烂。我只瞟到一段可怕的 Fortran 代码：

```
   DO 14 I=1,N
   DO 14 J=1,N
14 V(I,J)=(I/J)*(J/I)
```

若你不是 Fortran 程序员，请听我解释。这段代码包括了两个嵌套的 DO 循环，这两个循环都在第 14 行结束。循环控制的索引变量从最低限步进到最高限，所以外循环 I 从 1 步进到 N，内循环 J 也从 1 步进到 N。变量 V 是个 N 行 N 列的数组；I 遍历每一行，在每一行中，J 遍历每一列。

这两个循环创建了一个 N×N 的矩阵，对角线上是 1，其他地方都是 0，当 N 等于 5 时就像下面这样：

```
1 0 0 0 0
0 1 0 0 0
0 0 1 0 0
0 0 0 1 0
0 0 0 0 1
```

① 这本书有多个版本，对应中译本也有多个版本，中文书名也不尽相同，有《风格的要素》《英语写作手册：风格的要素》等。——译者注

在做整数除法时，Fortran 会丢弃结果的小数部分，故若 I 不等于 J，除法结果为 0；若 I 等于 J（在对角线上），结果就是 1。

在我看来，这有点过于炫技了。在编程时，“乱抖机灵”并非良策。

用更直截了当和显而易见的方式重写，得到下面这个更清楚的版本：遍历外循环时，内循环将第 I 行的每个元素设为 0，然后外循环再将对角线元素 V(I,I) 设为 1：

```
C MAKE V AN IDENTITY MATRIX
      DO 14 I = 1,N
         DO 12 J = 1,N
 12         V(I,J) = 0.0
 14      V(I,I) = 1.0
```

于是我得到编程风格的第一条规则：写明白，别炫技。

迪克于 1976 年从贝尔实验室退休，去了加利福尼亚州蒙特雷的美国海军研究生院（Naval Postgraduate School in Monterey，California）任教，直至 1998 年初逝世，享年 82 岁。据说，他有一门课被学生称为“汉明论汉明”（Hamming on Hamming），正与本节内容相呼应。

迪克无时无刻不在深思自己在做什么，为什么要这么做。他常说“算以获识，非算以得数”[①]，他甚至有一条（用中文）写着这句话的领带。他很早就认为，电子计算将在贝尔实验室的工作中占到一半比例。同事们都不这么认为，但很快他的预测就成真了。他常说，周五下午宜哲思，所以他每逢这个时间就安坐思考，但也随时欢迎我这样的访客。

退休后的几年，迪克总结了关于职业生涯成功之道的建议，开设

① 对应原文为“The purpose of computing is insight, not numbers.”。——译者注

讲座，题为“You and Your Research”（你和你的研究）。你可以在网上找到相关内容。最早一次讲座于1986年3月在Bellcore（即贝尔通信研究院[①]）举办，肯·汤普森开车载我一起去听。几十年来，我一直向学生们推荐这一讲座——非常值得阅读记录文本，或者观看视频。

1967年夏天，维克·维索斯基（Vic Vyssotsky）（图1-6）坐我对面办公室。他也是极聪明和有天分的程序员。维克和科尔比搭档，负责管理贝尔实验室的Multics研发工作。他会尽量抽空每天与我这个基层实习生谈话。维克逼着我给需要学编程的物理学家和化学家上Fortran课。给非程序员上编程课，原来也颇为有趣。这让我克服了对公众讲话的恐惧，也让我后来能轻松应对各种教学工作。

图1-6 维克·维索斯基，约1982年（贝尔实验室供图）

不久以后，维克搬去贝尔实验室的其他驻地，从事“卫兵”(Safeguard)导弹防御系统方面工作。后来，他又回到墨里山，担任计算科学研究中心的执行总监，成了在我上面好几级的老板。

1968年春天，我着手解决博士论文中我的导师彼得·韦纳（Peter Weiner）给的一个图划分（graph partitioning）问题（图1-7）：给定一些

---

① 1984年，美国司法部依据《反托拉斯法》，将AT&T分拆为专营长途电话的新AT&T，以及7个本地电话公司。贝尔通信研究院（Bell Communications Research）是独立研究机构，为这些公司提供创新研发服务。——译者注

由边线连接的节点，试将这些节点切分为大小相同的两组，且从一组中的节点到另一组中的节点的连接边数尽可能少。

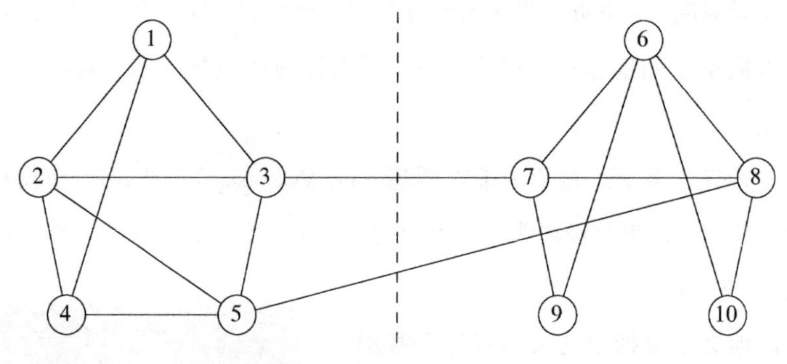

图 1-7　图划分问题示例

表面上看，这来源于实际问题：如何将程序切分为多个部分，放到不同的内存页中，当程序运行时，程序页进出内存的交换量保持最小。节点代表代码块，边线代表代码块与代码块之间的可能交换，每条边有一个衡量交换频率的权值，从而可以估算出不同内存页中的代码块的交换代价。

从某种意义上讲，这是一个生造出来的问题，但它也是某些现实事物的合理抽象，而且还有其他具体问题符合这个抽象模型。例如，电路板上的元件如何布置才能减少电路板与电路板之间的昂贵连接？另一个不太恰当的例子是，如何将员工分配到不同楼层，才能让经常交谈的人在同一个楼层？

这是一个合适的博士论文选题，但我进展甚缓。1968 年夏天，当我回到贝尔实验室开始第二段实习期时，我向林申（Shen Lin）请教。那时他刚为经典的“旅行商问题”找到当时最有效的算法：对于一组城市，给出最短路线，必须访问每座城市且每座城市仅访问一次，然后返回。

林申提出了一种图划分算法，这种算法虽然无法保证能得出最优解，但看来可靠。我想出了高效地实现它的路子。我用大量图来做实验，评估该算法在实践中的有用程度。该算法看起来相当有效，但我们没办法找到最优解。我也找了一些有趣的特殊图，对于这些图，可以给出既快又能得到最优解的算法。以上工作的成果对于一篇论文是足够了，在暑期结束时，我已经全获所需。我在秋天着手撰写论文，并于1969年1月通过毕业答辩（从普林斯顿大学3年毕业的乐观估计最后变成了4年半毕业）。

一周后，我开始到贝尔实验室计算科学研究中心工作。没面试，实验室在上一年秋天就给我发了录用通知，但有个要求：必须先完成论文。高我两个行政级别的研究中心主任萨姆·摩根（Sam Morgan）告诉我："我们不招博士肄业生。"完成论文绝对是好事一桩——12月，我又收到一封信，说我得到大幅加薪，而我当时都还没去报到！

说句题外话，林申和我找不到既高效又总能给出最优解的图划分算法确实情有可原，不过，当时我们还不知道这一点。有人一直在研究图划分之类的组合优化问题的固有困难，并发现了某些有趣的一般关系。

1971年，多伦多大学的数学家和计算机科学家斯蒂芬·库克（Stephen Cook）做出了非凡的成果，证实包括图划分在内的许多难题是等价的。也就是说，如果我们能找到解决其中一个难题的有效算法（即比尝试所有可能性更好的方法），就能找到解决所有难题的有效算法。在计算机科学领域，这类难题是否真的很难，还是悬而未决的问题，但我认为它们确实很难。库克因为这项工作获得了 1982 年的图灵奖。

1969 年，我正式加入贝尔实验室时，没人告知我具体要做什么事。惯例如此：把你介绍给其他人，让你随意晃荡，去寻找自己的研究课题和协作者。回想起来，这似乎是下马威，但我不记得有什么麻烦。周边有那么多新鲜事在发生，想找点儿东西来研究，或者找个人来合作，根本不成问题。两个夏天之后，我已经认识所有人，也了解了一些项目情况。

贝尔实验室向来缺乏明确的管理层指示。1127 中心的项目不由管理层指派，而是自下而上，由对某个课题感兴趣的人员自主成立项目组。贝尔实验室的其他部门也是如此：如果我参与了某个开发组，也许会“利诱”科研同事也来参加，不过他们得自愿加入。

无论如何，有一段时间，我继续和林申一起研究组合优化问题。林申对这类问题特别有见地。他用纸笔画一些示例，就能察觉到有前途的攻击路线。他对旅行商问题有了新的想法，大幅改进了他以前的算法（已经是当时最有名的算法），我用 Fortran 程序实现了他的新算法。这个算法工作得很好，此后多年间一直是最顶尖的算法。

这类工作既有趣又能带来成就感，而我善于将想法转化为可工作的代码，却完全不擅长算法，所以我逐渐涉足其他阵地：文档编制软件、专用编程语言，还有一点点图书写作。

我也会时不时回来和林申一起工作，其中一次是为 AT&T 客户的私有网络优化设计提供一套复杂工具。在相对纯正的计算机科学与对公司切实有用的系统间来回切换是件好事。

贝尔实验室公关部门对林申在旅行商问题上的成果产生了兴趣，拿他做了好几回宣传主角。图 1-8 所示为其中一次的模糊剪报，我在右下角。图 1-9 引自实验室某本装点面子的杂志，报道主题是我们在图划分方面的工作，时间大概在我们拿到算法专利之后。

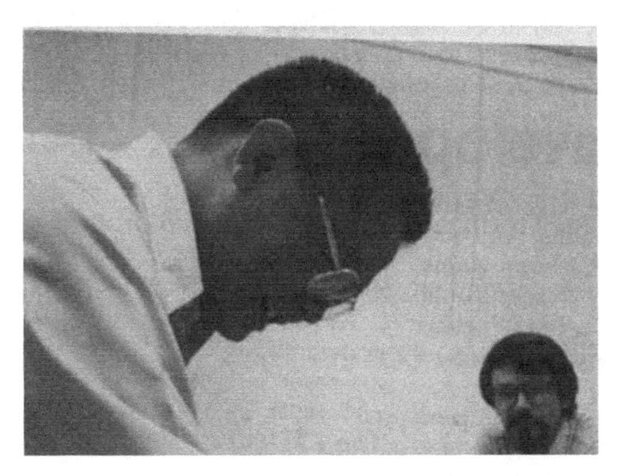

图1-8　林申，约1970年（贝尔实验室供图）

Brian W. Kernighan (co-author, *Partitioning Graphs*) is a member of the Computer Systems Research Department. He came to Bell Laboratories in February, 1969, and has been primarily interested in applications of graph models to computer programming and circuit layout problems.

Mr. Kernighan received the B.A.Sc. degree from the University of Toronto in 1964, and the Ph.D. degree from Princeton University in the computer science program in 1969. He is a member of the Association for Computing Machinery.

Brian W. Kernighan

图1-9　公关图片，约1970年（贝尔实验室供图）

可以注意到，在图 1-9 中，我系着领带，这很不符合我的一贯形象。几年后，丹尼斯·里奇和我为另一本内刊，大概是 *Western Electric Engineer*（西部电气工程师）吧，撰写关于 C 语言的文章。刊物出版前，编辑要我们寄几张肖像照片过去做配图，我们照办了。几星期后，他们说照片丢了。我们说，没问题，那就再寄一次好了。他们回复："这次可以系上领带吗？"我们严词拒绝，后来他们奇迹般地找到了之前没系领带的照片，并且刊印了。

我开始以长期雇员身份工作时，办公室在 2 号楼 5 层 9 号梯附近，在那里我待了 30 年。世界变幻，我自岿然。在那些年里，走廊上的邻居有肯・汤普森、丹尼斯・里奇、鲍勃・莫里斯（Bob Morris）、乔・奥桑纳（Joe Ossanna），还有杰勒德・霍尔兹曼，大名鼎鼎的约翰・莱昂斯（John Lions）、安迪・塔嫩鲍姆（Andy Tanenbaum）和戴维・惠勒（David Wheeler）也来造访过。

我在实验室的最后 10 年里，肯・汤普森和丹尼斯・里奇的办公室在我办公室正对面。图 1-10 展示的是丹尼斯的办公室，这张照片是 2005 年 10 月在我的旧办公室门口拍的。肯的办公室在丹尼斯的办公室的左边。

图 1-10　2005 年，丹尼斯・里奇的办公室

在那些年里，我和比尔·普劳格、洛琳达·彻丽（Lorinda Cherry）、彼得·温伯格和阿尔·阿霍都曾做过邻居，道格·麦基尔罗伊、罗布·派克和乔恩·本特利的办公室离得也很近。和身边的人协作比较容易。能与这些人比邻，实在幸运。

1.5　137→127→1127→11276

那时有哪些人？工作环境如何？20世纪70年代早期，计算科学研究中心只有30来名员工，其中4~6人从事Unix或与之密切相关的工作。图1-11展示了贝尔实验室内部电话号码簿的部分页面。它并非是因年代久远而变黄的，我刚到那儿时，组织结构图就是用黄色纸张印刷的，如同旧式电话号码簿的黄色纸页一般。

Computing Science Research Center

137	Morgan S P, Director, Computing Science Research Center	MH 6490
	Kalainikas Miss E, Secretary	MH 6491
1371	McIlroy M D, Head, Computing Techniques Research Department	MH 6050
	Marky Miss G A, Secretary	MH 6051
	Dimino L A	MH 2390
	Aho A V	MH 4862
	Canaday R H	MH 3038
	Friedman A D	MH 4716
	Jensen P D	MH 6292
	Knowlton K C	MH 2328
	Menon P R	MH 2736
	Morris R	MH 3878
	Neumann P G	MH 2666
	Ossanna J F	MH 3520
	Thompson K L	MH 2394
	Ullman J D	MH 6627
	Wagner Mrs M R	MH 2879
	Weiss Miss R A	MH 2007
1373	Pinson E N, Head, Computer Systems Research Department	MH 2582
	Blejwas Miss V M, Secretary	MH 2583
	Fraser A G	MH 3685
	Johnson S C	MH 3968
	Kernighan B W	MH 6021
	Ritchie D M	MH 3770
	Sturman J N	MH 3164
	Winikoff A W	MH 2661
1374	Brown W S, Head, Computing Mathematics Research Department	MH 4822
	Blejwas Miss V M, Secretary	MH 4823
	Hall A D	MH 4006
	Goldstein A J, Supervisor, Mathematical Techniques Group	MH 2655
	Lin S	MH 2111
	Shafer D M	MH 6862
1374	Traub J F, Supervisor, Numerical Mathematics Group	MH 2383
	Businger P A	MH 2059
	Richman P L	MH 3932
	Schryer N L	MH 2912
1376	Hamming R W, Head, Computing Science Research Department	MH 2064
	Marky Miss G A, Secretary	MH 2065

图1-11　贝尔实验室内部电话号码簿，约1969年（杰勒德·霍尔兹曼供图）

图 1-11 所示的纸页印刷于 1969 年，其上列出了由萨姆・摩根（图 1-12）领导的计算科学研究中心人员名单。萨姆是出色的应用数学家，也是通信理论专家。道格•麦基尔罗伊在 Unix 的发展上起了极大的作用，但他的贡献不怎么广为人知。他负责一个小部门，肯・汤普森就在其中，参与了 Unix 早期工作的其他人员还有拉德•卡纳迪（Rudd Canaday）、鲍勃・莫里斯、彼得・诺伊曼、乔・奥桑纳等，埃利奥特・平森（Elliot Pinson）部门的丹尼斯・里奇、桑迪・弗雷泽（Sandy Fraser）和史蒂夫・约翰逊也为 Unix 工作过多年。

图 1-12　萨姆・摩根，1127 中心主任，约 1981 年（杰勒德・霍尔兹曼供图）

尽管大多数研究员都有博士学位，但没人称呼“博士”，因为每个人都是博士。图 1-11 所示的电话号码簿中，女士名字前冠以“小姐”或“夫人”，而男士则完全没有表明婚姻状况的称谓。这种称谓方式并不常见。我不记得这些标记究竟何时消失，但在 20 世纪 80 年代早期，电话号码簿里就彻底见不到了。

20 世纪 60 年代和 20 世纪 70 年代，贝尔实验室的技术类岗位上仅有少量女性和少数族裔；技术团队成员大部分是白人男性，这种状况持续了很久。在这方面，贝尔实验室代表了历史上那个时代的大多数技术工作环境。

20 世纪 70 年代早期，贝尔实验室启动 3 个长期项目，试图改善这种状况。合作研究生奖学金项目（The Cooperative Research Fellowship Program，CRFP）于1972年启动，每年资助约10个少数族裔学生攻读4年或4年以上的研究生课程，直至获得博士学位。1974年启动的女性研究生项目（The Graduate Research Program for Women，GRPW）每年为15~20名女性提供研究生阶段的资助。有几位受资助的女性曾在1127中心和我的部门工作，大多数人毕业后在贝尔实验室、高校或其他公司大展宏图。1974年启动的暑期研究项目（Summer Research Program，SRP）为大约60位女性本科生和少数族裔学生提供全额资助的暑期实习工作。他们被安顿在墨里山、霍姆德尔和其他驻地，在科研导师的一对一指导下工作。我在1127中心负责SRP长达15年之久，所以有机会见到很多尖子生，还指导过其中几个。

长期来看，这些项目取得了一定的效果，但在20世纪60年代和20世纪70年代，技术环境还是比较单一，我确信自己并没有意识到这种状况导致的一些后果。

贝尔实验室有明确的管理层级。总裁在顶端，管着15 000~25 000人。往下是科研（编号10）、开发（编号20）、电话交换（编号50）、军队系统（编号60）等部门，每个部门都有一位副总裁负责。科研部门下设物理学（编号11）、数学和通信系统（编号13）、化学（编号15）等部门，同样各自有负责的执行总监，除此之外还有法务和专利部门。数学研究中心编号131；计算机科学研究中心划为137中心，下设1371等十几个独立部门。几年之后，在一次大改革中，所有部门重新编号，我们变作127中心。再后来，在一次重组时，编号前面加了一位数，成了 1127。这个编号一直沿用到 2005 年，而我已于 2000 年退休。

管理架构只有相对较少的几个层级。我这样的研究员是“技术团队成员”，或称 MTS（Member of Technical Staff），下面还有几个技术岗层级。科研部门的 MTS 通常会有独立办公室，但大家都会尽量敞着门。MTS 之上是主理层，1127 中心一直都只有为数甚少的几个主理；往上一级是道格・麦基尔罗伊这样的部门主管，负责管理 6~12 个研究员；再往上是中心主任，管约 6 个部门；然后是执行总监，管一大票中心；跟着是副总裁，管理所有执行总监。

副总裁向总裁汇报。优秀的化学家比尔・贝克（Bill Baker）在 1955 年至 1973 年担任科研副总裁，之后担任贝尔实验室总裁直至 1980 年[①]。据信，他任副总裁时，记得住科研部门每位 MTS 的名字，而且随时关注他们的工作——我想那多半是真的。当然他也一直知道我和我同事的工作内容。

直至 1981 年不情不愿地成为部门主管之前，我都是一名普通 MTS。多数管理人员都是“赶鸭子上架”，因为这虽然没有终结个人研究生涯，但必然会拖慢进度，而且照料麾下部门颇具挑战性。但人家自有一套话术来说服你：“反正躲不过，长痛不如短痛吧。”或者有时反过来说：“机不可失。”要么是：“你不上，就会有不怎样的人上了哦！”

不管是好是坏，我都成了一个新部门的负责人。部门编号为 11276，

---

① 比尔・贝克 1979 年转任贝尔实验室董事会主席，这里可能是作者记忆有误。——译者注

小心翼翼地被起了个没意义的名字——计算结构研究部（Computing Structures Research）。部门里通常有8~10位研究员在职，关注范围广得令人生畏：图形硬件、集成电路设计工具、文档编制工具、操作系统、网络、编译器、C++、无线系统设计、计算几何、图论、算法复杂度，以及其他一大堆东西。搞清他们每个人的工作内容，向上级汇报，对我来说一直是个挑战，不过也让我颇有收获。那时学到的大量技能一直与我相随。

管理架构中的每个层级都有些小福利。有的比较明显，例如自担任中心主任起越来越大的办公室。我觉得担任部门主管也会有小幅涨薪，但应该没有多到令人难忘的程度。

有些福利更为细微：部门主管及以上管理人员的办公室铺了地毯，而一般人员的办公室则只有油毡或瓷砖地板。升职时，我领到一本印刷精美的小册子，在其上面列出可供选择的地毯颜色、办公家具等。我短暂试用过一张新办公桌，但它太大，而且不舒服，所以我还是用回1969年从上一任部门主管那儿继承来的世楷牌（Steelcase）老旧办公桌。我并不热衷于区分等级，坚决不肯铺地毯。萨姆·摩根力劝我铺地毯，他说，总有一天我会想要拥有地毯带来的权威。我还是拒绝了，地毯区别策略最终也消失无踪。

部门主管每年都要做绩效审查，评估部门员工的工作。MTS在纸上写下年度工作总结，在1127中心，大家叫它“我很棒报告”，我觉得这词是萨姆·摩根首创。部门主管在另一张纸上写下对该员工作的总结和评价，包括“可改进的地方”，即建设性的批评意见。

撰写评估和反馈是件苦活儿，好些人不填“可改进”部分。但有一年，我们被告知必须填写，不再允许留空或者简单写上“N/A”。我的应对之道是填上“继续努力工作”，在上级以“人无完人”为由要求填写更严厉的批评意见之前，躲了一两年清静。好在我不必给肯·汤普森这种明星研究员写评语。能给他写什么呢？

部门主管和中心主任开会评估 MTS 的绩效，这通常会花上一整天。几个星期后，还将有个耗时一整天的会，从加薪池中为每位 MTS 分配次年加薪幅度。这两个彼此相关的评估过程的正式名称是绩效审查和工资审查，但我总是把它们看作“抽象绩效”和“具象绩效”。

评估逐级向上执行，由一位执行总监和中心主任们一起审查全体 MTS 的绩效评估结果，也对部门主管进行考核。

在其他中心，绩效审查也许具有竞争意义，但我们中心的绩效审查却其乐融融。相对于“我的人比你的人强”，我们更加会说“别忘记你的人还做了一件好事”。

也许我过于乐观，但我认为整个过程运转得很好，因为管理层在晋升过程中保持了技术能力，而且都有基层经历。整个系统看起来并不过于偏重实践或理论，起码对于我们 1127 中心这帮人是这样的——优秀的程序和优秀的论文都很受重视。对未来工作的提议或计划一概欠奉，这是件好事。每个人都会大略预估年终成果，但不管做错多少次都没关系。对于那些年复一年做同一件事的人，管理层会保持耐心，以待长远。我想，科研部门管理层级较少也有好处，这样一来大多数人在大多数时候就不会去考虑晋升问题。如果有人立志做官，最好选择其他部门。

比较贝尔实验室和科研型高校的绩效评估过程是一件有趣的事。在高校里，招聘和晋升会大量参考来自同领域外部知名学者的推荐信。这激励了对狭窄领域的专精研究，因为学者的目标是深究一门，好让外审人员能理所当然地评价“此人在其学术生涯的当前阶段，已是该子领域的魁首”。

而贝尔实验室则为每位研究员打造了自下而上的评级制度。部门主管为其员工评级，评级结果在中心层面与部门主管的评级合并，如是再向上传递两层，最后，每个人在全体人员中的大概位置就确定了。

专精某一领域的人可能会得到其直接上级的高度评价，但再上一层就未必了解其工作成果。另外，跨学科的工作在更高层眼中更突出，因为更多管理人员看得到它。协作越广泛，就会有越多管理者看得到，结果就形成了一个极其偏重协作与跨学科研究的组织。做决策的管理人员也要经历这个评估过程，所以他们会有同样的倾向。

我做了 15 年以上部门主管，管理水平顶多算中等，而且绝对愿意让贤予能。有些人成功地长期拒绝晋升。我做部门主管后不久，丹尼斯 • 里奇也做了主管，但肯 • 汤普森就一直没进入管理层。

在高校任教 20 年之后，我仍然不乐意评价别人的工作。然而，这事确有必要。有时你必须做出影响他人生活的决定，例如解雇某人（还好我没这么做过）或不让学生及格（不常见但也偶有所闻）。贝尔实验室绩效考核方式的好处在于，它基于由理解某项工作的人的共同评估做出。如道格 • 麦基尔罗伊所言：“合议是这套体系的极妙之处。谁都不必依赖与单个老板的关系。”贝尔实验室这套流程不见得完美，但它的确挺好，我听说过和读到过一些差劲得多的绩效评估方法。

第2章　Unix 雏形（1969）

“在某一时刻，我发现离实现一个操作系统仅有3周之遥了。”

——肯·汤普森，美国东部复古电脑节，2019年5月4日

Unix 操作系统诞生于1969年，但它不是从石头缝里蹦出来的。几位贝尔实验室员工在其他操作系统和语言上积累了多年经验，这才有了 Unix。本章将讲述这个故事。

2.1　一点点技术背景知识

本节将简要普及计算机、硬件、软件、操作系统、编程和编程语言等构成本书主题的基础技术知识。如果你对这些概念已经很熟悉，跳过即可；如果不熟悉，希望这些内容能让你跟得上后文的推进节奏。如果你想进一步了解面向非技术背景读者的细节阐释，请参阅我的《普林斯顿计算机公开课》（*Understanding the Digital World*），当我是自卖自夸好了。

计算器曾经是真实器物，后来成了手机应用。与之相比，计算机本质上没有特别多不同之处。计算机如今能以高达每秒十亿次的极快速度

做算术[①]，但在 20 世纪 70 年代，运算速度远远低于每秒百万次。

20 世纪 60 年代和 20 世纪 70 年代典型的计算机有一个由数十种指令组成的指令集，它可以执行：算术（加、减、乘、除），从主存储器中读出信息，将信息保存到主存储器，以及与磁盘或其他连接设备通信。另外还有一件至关重要的事：其中有一些指令负责依据之前的计算结果，即已做完的事，决定后续执行什么指令——这决定了计算机下一步做什么。这样一来，计算机就掌控了自己的命运。

指令和数据存放在同一个主存储器中，这个主存储器通常被叫作 RAM，也就是"随机存储器"（random access memory）。将一系列指令装载到 RAM，计算机就会根据指令内容执行不同任务。这就是你点击 Word 或 Chrome 浏览器图标时发生的事——操作系统将那个程序的指令装入内存，开始运行。

使用某种编程语言，为执行某项要完成的任务创建操作序列，这就是所谓的编程。直接创建所需指令是有可能的，但这项工作实在繁难，哪怕是写很小的程序也是如此，所以编程领域的大部分进步都与创造接近人类表达计算方式的编程语言有关。称为*编译器*的程序（当然得先把它写出来）将高级语言（接近人类语言）翻译为针对特定类型计算机的指令序列。

归根结底，如同 Word 或浏览器等普通程序一样，操作系统也是由那些指令构建而成的，只是它更为庞大和复杂。操作系统的任务是控制所有其他要运行的程序，并管理它们与计算机其他部分的交互。

这样讲太抽象了，用一个具体的小例子来说明什么是编程吧。假设

① 原文如此，现在的计算机已能以更快速度运行。——译者注

我们想根据矩形的长和宽计算其面积。用人类语言可以这样说："面积是长和宽的乘积。"学校教师会在黑板上写出面积计算的公式：

面积 = 长 × 宽

使用较高级别的编程语言时，我们会这样写：

```
area = length * width
```

这就是今天大部分主流编程语言中的确切形式。编译器将其翻译为人类仍然可读但主要面向计算机的机器指令序列。在一台虚构的简单计算机上，该序列大概像下面这样：

```
load      length
multiply  width
store     area
```

最终，称为汇编器（assembler）的程序把该序列转换为人类不易读懂的指令。这些指令能够被载入计算机的主存储器。执行时，它们根据长和宽算出面积。当然这里没谈及很多细节（如何指定编译和加载，如何让长和宽的数值进入计算机，如何输出面积数值，等等），但本质大抵如此。

如果你想看看可工作的示例，以下这段完整的C语言程序输入长和宽，输出面积：

```
void main() {
    float length, width, area;
    scanf("%f %f", &length, &width);
    area = length * width;
    printf("area = %f\n", area);
}
```

这段程序能在任意一台计算机上编译和执行。

每个人都至少知道Windows或macOS这些现代操作系统的名字，

手机上运行的是 Android 和 iOS 等操作系统。

操作系统是控制计算机的程序，它给正在运行的程序分配资源。它管理主存储器，当运行中的程序有需要时，将主存分配给它们。在台式计算机或笔记本式计算机上，操作系统让你能够同时运行浏览器、文字处理器、音乐播放器，或许还有我们的面积计算小程序，并且按需任意切换到其中之一。

操作系统也控制显示，在收到程序请求时，使其在屏幕上可见。它还管理磁盘之类存储设备，当你保存 Word 文档时，文档就会被存下来，以备之后恢复并继续工作。

操作系统还负责协调与互联网之类的网络进行通信，这样你就能用浏览器搜索、与朋友联络、购物、分享宠物猫视频，一切齐头并进。

在程序发生错误时，操作系统保护其他程序不受影响，还要防止有害程序或用户误操作对系统自身造成的危害。

手机上的操作系统也是如此工作的。在底层，需要做许多动作来维持经由移动网络或无线网络的通信。虽然细节常有不同，但手机应用与 Word 这样的程序在概念上完全一样，并且用同样的编程语言编写。

现今的操作系统程序体量庞大，纷繁复杂。在 20 世纪 60 年代，它简单得多，但相对于同时代的其他程序，它还是既庞大又复杂。一般而言，IBM 或 DEC（Digital Equipment Corporation，美国数字设备公司）等计算机制造商为各种不同硬件提供操作系统。每个制造商生产的硬件全无共通之处，有时甚至来自同一厂商的硬件都会有很大不同，所以操作系统也各自不同。

更加麻烦的是，操作系统用汇编语言写成。汇编语言是人能读懂的机器指令，与特定类型硬件的指令集紧密相关。每种计算机都有自己的汇编语言，所以操作系统是庞大且复杂的汇编语言程序，每个操作系统都针对特定硬件、使用特定语言编写。

系统之间缺乏共通性，使用相互不兼容的低级语言，导致同时需要多个版本的程序：为某一操作系统编写的程序，在移植到其他操作系统或硬件架构上时，必须完全重写。这种状况阻碍了进步。如后文所述，Unix 操作系统在所有类型的硬件上都保持一致，而且用较高级的语言写成，只需付出相对较少的成本，即可从一种计算机移植到另一种计算机。

2.2 CTSS和Multics

当时最有创造性的操作系统是麻省理工学院于 1964 年推出的 CTSS（兼容分时系统）。在那个时代，大多数操作系统都采用“批处理”技术。程序员将程序打到穿孔卡上（那是很久以前的事了！），交给操作员，然后苦等几小时甚至几天，等待结果出来。

穿孔卡用高品质硬纸制成，每张卡片能保存最多 80 个字符，容纳一行程序的内容。6 行 C 语言程序得用 6 张卡片，如果要修改代码，就得替换卡片。图 2-1 展示了一张 80 列标准卡片。

与此不同，CTSS 程序员使用类似打字机的设备（如下一章图 3-1 所示的 Model 33 Teletypes“终端机”），设备直接连接或通过电话线连接到一台大型计算机，如拥有两倍于通常型号 32K（32 768）个字长内存的 IBM 7094。操作系统看顾每位登录用户，在用户之间快速切换，令每位用户误以为整台计算机都为我所用。这种技术叫作“分时”，（以我个人体验而言）它比批处理更为令人愉悦和有生产力。多数情况下，真的让人感觉不到有其他用户存在。

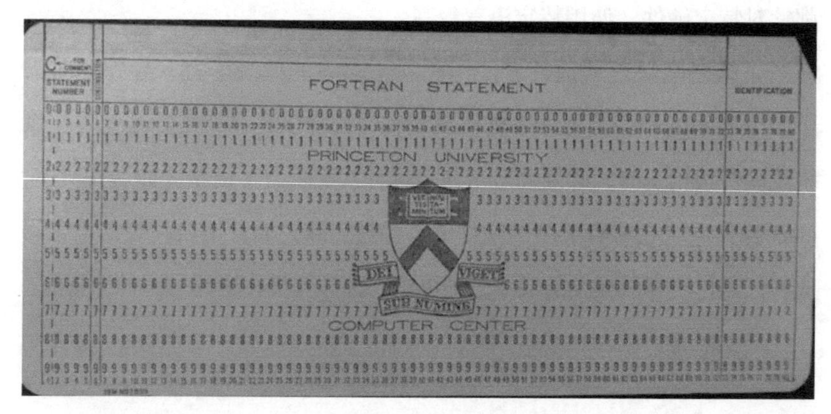

图 2-1　穿孔卡，187.325 mm × 82.55 mm

见到 CTSS 编程环境如此高效，麻省理工学院的研究员们决定做一个更好的版本。他们想做一套信息处理工具，向大众提供计算服务。1965 年，他们开始设计 Multics 系统。Multics 意思是多路复用信息和计算服务（Multiplexed Information and Computing Service）。

Multics 是个大项目，意图制造出强悍的新软件和比 IBM 7094 功能更丰富的新硬件，所以麻省理工学院邀请了两家公司来帮忙。计算机制造商通用电气（General Electric，GE）公司负责设计和生产拥有全新硬件特性、能更好地支持分时和多用户体系的新计算机。由于贝尔实验室在 20 世纪 50 年代初就打造了自己的操作系统，拥有极丰富的经验，因此在这个项目中帮忙做操作系统。

Multics 本该前途无量，但其很快就陷入困境。回头看来，它算是第二系统效应（second system effect）的受害者。所谓第二系统效应，意思是在首个系统（如CTSS）创建成功后，打算创建一个新系统，修正旧系统的遗留问题，还要添加每个人期望的新特性，结果常常是塞了太多不同东西进去，最终得到过于复杂的系统。这就是Multics遇到的情况。在多份有关Multics的文件中都出现了“过度设计”（over-engineered）一词，用萨姆·摩根的话来说就是“同时爬好多棵树”。而且，项目参与方是一所高校和两家全无共性的公司，分布在美国的3个地方，即使对组织机构无甚研究的人也能料到会出问题。

1966年至1969年，有六七个贝尔实验室研究员从事Multics相关工作，其中有道格·麦基尔罗伊、丹尼斯·里奇、肯·汤普森和彼得·诺伊曼。维克·维索斯基搬去贝尔实验室的另一处驻地后，彼得接替了他的职位。道格致力于在Multics上实现PL/I[①]。还在哈佛大学读书时，丹尼斯就在为Multics编写文档，加入贝尔实验室后，又参加开发设备I/O（输入/输出）子系统。肯全力做I/O子系统，这段经历在他后来开发Unix时派上了用场。在2019年的一次采访中，他形容自己为Multics做的事是“巨轮上的一道凹槽，它搞出来的东西连我自己都不想用”。

到了1968年，尽管对能用上它的少数人而言，Multics算是一个优秀的计算环境，但在贝尔实验室看来，作为一套信息处理工具，它已无法实现以合理的代价为实验室提供计算服务的目标，并且它太贵了。

① PL/I全名是Programming Language One（一号编程语言），大写字母I其实是罗马数字“I”，所以有时也写作PL/1，最早由IBM在System/360上实现。——译者注

1969 年 4 月，贝尔实验室退出 Multics 项目，留下麻省理工学院和 GE 继续苦战。

Multics 最终还是完成了，起码是宣称成功了。直至 2000 年，它虽然没被广泛接受，但仍然持续得到支持和使用。很多好点子滥觞于 Multics，但它最持久的贡献却完全没人预料到：它影响了一个叫 Unix 的小操作系统，这个小系统诞生的部分原因是想摈弃 Multics 的复杂架构。

2.3　Unix起源

贝尔实验室退出 Multics 项目后，项目组成员得找其他事来做。肯·汤普森（图 2-2）还是想做操作系统，但实验室管理层被 Multics 伤透了心，不肯给操作系统项目买硬件。肯和其他人只能纸上谈兵，设计操作系统的各种组件，无法开展具体的实现工作。

图 2-2　肯·汤普森，约 1981 年（杰勒德·霍尔兹曼供图）

恰在此时，肯找到一台没怎么用过的 DEC PDP-7 计算机。这种计算机的主要功能是做电路设计的输入设备。

PDP-7 于 1964 年推出，但计算机领域演进太快，到了 1969 年，它已经过时。这台机器本身不算很强大，只有 8K（8192）个 18 位字长的内存（16 KB），但其图形显示非常漂亮，所以肯就为它写了个太空旅行游戏。在这个游戏里，玩家可以漫游太阳系、探访各个行星。这个游戏有点让人上瘾，我玩了好几个小时。

PDP-7 还有一个好玩的外设——磁盘驱动器高耸，直直架着一块磁盘。据传，万一盘片飞出来，站在它前面的人就有可能遇险。磁盘运转速度远高于计算机读写速度。为了解决这个古怪的问题，肯写了个磁盘调度算法来提升磁盘的总吞吐量。这个算法在任意磁盘上都可用，但主要是为 PDP-7 的这块磁盘设计的。

如何测试这个算法呢？这需要往磁盘上装载数据，肯认为他需要一个批量写数据的程序。

“在某一时刻，我发现离实现一个操作系统仅有 3 周之遥了。”他需要写三个程序，每周写一个：用来创建代码的编辑器；将代码转换为 PDP-7 能运行的机器语言的汇编器；再加上“内核的外层——操作系统齐活了”。

正在那时，肯的太太休了 3 周假，带着一岁大的儿子去加利福尼亚探望公婆，这样肯就有了 3 周不受打扰的工作时间。正如他在 2019 年一次采访中所说，“一周，一周，再一周，我们就有了 Unix。”无论以何种方式来度量，这都体现了真正的软件生产力。

肯和我都从贝尔实验室退休几年之后，我问他 3 周内写出 Unix 是否属实。下面是他回复邮件的原文，谈到的情况和最近那次采访完全一致。

1969 年年中至年末，有明确 Unix 特征的系统就已在运行，可以说那就是 Unix 诞生的时间了。

```
Date: Thu, 9 Jan 2003 13:51:56 -0800

unix was a file system implementation to test thruput and
the like.  once implemented, it was hard to get data to it
to load it up.  i could put read/write calls in loops, but
anything more sophisticated was near impossible.  that was
the state when bonnie went to visit my parents in san diego.

i decided that it was close to a time sharing system, just
lacking an exec call, a shell, an editor, and an assembler.
(no compilers) the exec call was trivial and the other 3
were done in 1-week each - exactly bonnie's stay.

the machine was 8k x 18 bits.  4k was kernel and 4k was
swapped user.

ken
```

日期: 2003 年 1 月 9 日，星期四，13:51:56-0800

Unix 是用来测试吞吐量之类的文件系统实现。实现出来之后，我发现很难用数据给它加上负载。我可以在循环中调用读 / 写操作，但做不了更复杂的事。这就是邦妮（Bonnie）去圣迭戈（San Diego）探望我父母时，我面临的状况。

我认为它已经很接近分时系统了，只是还缺少执行调用（exec call）、shell、编辑器和汇编器。（没有编译器）执行调用手到擒来。其他三个每周做一个——加起来正好是邦妮在那边待的时间。

计算机内存有 8k × 18 位。4k 做内核，4k 供用户程序换入换出。

肯

早期系统有一小群用户，其中当然包括肯和丹尼斯，还有道格·麦基尔罗伊、鲍勃·莫里斯、乔·奥桑纳，以及撞了大运一般的我。每位用户都有一个数字身份编号。有些编号代表系统功能而非人类用户，例如根（root）用户，或者说超级用户，身份编号为0，此外还有一些特殊编号。人类用户的编号从4开始。我记得丹尼斯是5，肯是6，我是9。在初版Unix系统中拥有个位数用户身份编号，大概也算略具声望了。

2.4　何以命名

新PDP-7操作系统诞生没多久，就得了一个名字，但具体过程不得其详。

我记得自己站在办公室门口，和几个人讨论，其中好像有肯、丹尼斯和彼得·诺伊曼。那时系统还没名字。（如果我记忆准确的话）我提议，从拉丁词根看，Multics意图提供“包罗万象”的功能，而新系统顶多择一而从，应该拿uni来替代multi[①]，叫它“UNICS”。

也有人说，UNICS这个名字是彼得·诺伊曼想出来的，代表“毫不复杂的信息与计算服务”（UNiplexed Information and Computing Service）。彼得回忆说：

> “我记得很清楚，有天早上，肯过来吃午饭，说他通宵为迈克斯·马修斯（Max Matthews）借他用的PDP-7写了一个数千行代码的单用户操作系统内核。我建议他改为多用户系统，第二天他来吃午饭时，果然已经写出了支持多用户内核

① 拉丁词根multi意思是“众多”，uni意思是“一个”。——译者注

的数千行代码。正是那个单用户内核启发了 UNICS 的‘阉割版 Multics’概念。”

彼得自谦地说记不起更多细节，所以，无论是否应当，我都独占了为系统命名的荣耀。

UNICS 后来变成了 Unix，这名字显然更好。（据传，AT&T 的律师们不喜欢 Unics 这个词，因为它音近 eunuchs[①]。）丹尼斯·里奇后来形容这个名字“正中 Multics 要害”，的确如此。

2.5 肯·汤普森小传

2019 年 5 月，在新泽西州沃尔镇举办的美国东部复古电脑节上，我和肯做了一次非正式的“炉边谈话”。我负责提几个问题，然后安坐倾听。以下内容部分来自那次活动，读者可以在 YouTube 上找到活动视频。

肯生于 1943 年。他父亲在美国海军服役，肯小时候随军住过全世界很多地方，包括加利福尼亚、路易斯安那，还有几年住在那不勒斯。

他喜欢鼓捣电器，后来去加利福尼亚大学伯克利分校读电子工程。他说，电子学课程确实简单，因为入学之前他已经玩过 10 年电器。在伯克利分校，他迷上了电子计算。

① eunuchs 是宦官、太监的意思。——译者注

“我用计算机。我爱计算机。当时，伯克利分校还没开设计算机科学课程，因为这东西刚崭露头角。

“毕业之后那个夏天，我无所事事。能毕业实属惊喜，我都不知道自己居然满足了那些毕业的条件要求。

“我只想待在学校，因为……一切尽在掌握。我手艺纯熟。午夜时分，学校的‘怪兽主机’会关闭。我用自己的钥匙打开机房，启动机器，在次日早上8点之前，它就一直是我的个人计算机。

“我很快乐，毫无雄心壮志，是一个没有目标的工作狂。”

大学最后一年，肯选了埃尔温·伯利坎普（Elwyn Berlekamp）的课。伯利坎普当时在伯克利分校任教授，后来不久就去了贝尔实验室。毕业后那个夏天，肯没申请读研，因为他觉得自己还不够优秀。

“到那个夏末,(伯利坎普）说：‘你去读这个研究生班吧。’原来他替我申请了读研，而且申请通过了！”

1966年，肯拿到伯克利分校的硕士学位。贝尔实验室和另外几家公司都想招他，但他明确表态不想去任何一家公司上班。

招聘官一试再试。如肯所言：“贝尔实验室问了6~8次，我都拒绝了——也是因为我没有雄心壮志。贝尔实验室招聘官敲我家门，我请他进屋。据他说，我还用姜饼和啤酒招待了他。”（这大概是加利福尼亚的什么古怪减肥饮食吧。）

最后，肯接受邀请，由贝尔实验室支付旅费，去新泽西看看，但是他只答应去一天，而且主要是为了探访高中时代就结识的朋友。他到达贝尔实验室时，被一些名字打动了：

> “一到那儿，我就沿计算科学研究中心的走廊漫步，两边办公室门上写的名字如雷贯耳。太震撼了。面试官是两位妙人……其中一位是林申。
>
> “次日，我租车出行。他们不知怎么查到了我的行踪，还在东海岸我停留的第三站留下一份入职邀请书。我拿了那份邀请书，继续下一站两个小时的行程，边开车边考虑。一到达朋友家，我就打电话去实验室，说我接受邀请。”

肯于 1966 年加入贝尔实验室，开始做 Multics 研发工作，后来又写了 Unix。这些事前面已谈过，此处不赘述。

肯对游戏的兴趣由来已久。他从小就热爱国际象棋。他不愿输棋，但又会替输了的对手惋惜，所以最终只能做个看客。1971 年，他为 PDP-11 写了一个国际象棋程序。这路子似乎行得通，于是他着手制作用于加速运算（如算出从指定点开始的合规走法）的特殊用途硬件。这些工作累积成了 Belle 项目（图 2-3）。Belle 是肯与乔·康登（Joe Condon）从 1976 年至 1980 年开发的国际象棋计算机。

Belle（图 2-4）赛绩骄人。在与人类棋手的常规比赛中，斩获 2200 等级分，成为第一台荣升国际象棋大师的计算机。它还获得了 1980 年世界计算机国际象棋大赛（World Computer Chess）冠军。在被史密森学会（Smithsonian Institution）收藏之前，它还得过好几次 ACM 计算机国际象棋锦标赛冠军。

图2-3　肯·汤普森与乔·康登（计算机历史博物馆供图）

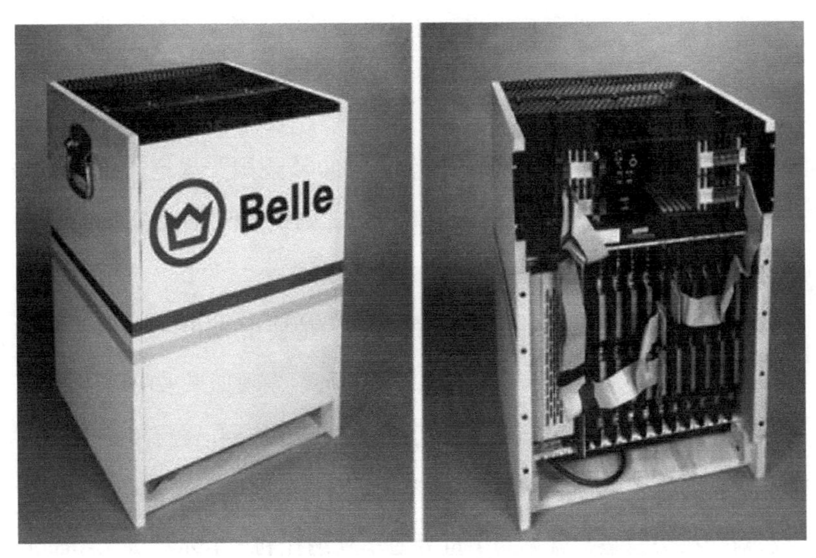

图2-4　Belle国际象棋计算机（计算机历史博物馆供图）

丹尼斯·里奇曾经为国际计算机象棋联盟（International Computer

Chess Association）写过一篇短文，介绍肯·汤普森对计算机游戏的贡献[①]。文章写道，肯对游戏的广泛兴趣，远远不止国际象棋。文章还写了1978年12月5日Belle在ACM计算机国际象棋锦标赛上击败Blitz 6.5的过程。文中引用计算机围棋先锋蒙蒂·纽伯恩（Monty Newborn）及国际大师戴维·利维（David Levy）的评论：

> 1. e4 e5 2. Nf3 Nc6 3. Nc3 Nf6 4. Bb5 Nd4 5. Bc4 Bc5 6. Nxe5 Qe7
>
> 7. Bxf7+ Kf8 8. Ng6+ hxg6 9. Bc4 Nxe4 10. O-O Rxh2!! 11. Kxh2 { 加速损失 } Qh4+ 12. Kg1 Ng3 13. Qh5 { 无效拖延 } gxh5 14. fxg3+ Nf3# { 防住将军，双将且将死，难得一见。“截至目前，计算机程序下出的最妙招数……计算机国际象棋见证了新时代的开始。” }

国际象棋有赢、输或和3种终局。“50步规则”规定，如果在50步棋以内，没有吃子，或者兵没有移动过，则棋手可以提出和局。这条规则能防止玩家在无法赢棋时干耗时间。

肯决定研究50步是否是合适的数字。他使用Belle和一些复杂的数据库组织方式来评估所有4子或5子和局，发现如果采用最佳下法，其中部分棋局可以分出胜负。此时，肯在国际象棋圈已颇有名气，时不时有特级大师来实验室与Belle对弈，尤其是下残棋。我曾经只是因为周末刚好在实验室，就见到了世界冠军阿纳托利·卡尔波夫（Anatoly

---

① 在贝尔实验室网站可以读到这篇文章。——译者注

Karpov）和维希·阿南德（Vishy Anand）。

肯热爱飞行，常常自己或搭载乘客从莫里斯敦机场起飞，在新泽西上空巡航。在他的影响下，1127中心的其他成员也喜欢上了飞行。高峰时期，“1127空军”拥有六七名私人飞行员。他们常常飞去看秋叶，或者到有意思的地方吃午饭。道格·麦基尔罗伊回忆说：

> “除了去新英格兰看秋叶，‘1127空军’还去阿迪朗达克山观赏过月食。感谢肯驾驶飞机，罗布·派克提供望远镜。还有一次飞行是去观测水星凌日。Unix组员为天文研究所做的贡献从乔·奥桑纳写的azel[①]开始，这个程序用来控制‘电星一号’（Telstar）的地面站，追踪人造卫星位置。然后是鲍勃·莫里斯写的sky程序，还有肯写的天体事件预测器、李·麦克马洪（Lee McMahon）用我的map程序画了星图，最后是罗布写的scat天体目录程序。”

1992年12月，肯和弗雷德·格兰普（Fred Grampp）到莫斯科驾驶一架米格29战机，比他们平时开的赛斯纳飞机更上一层级。图2-5和图2-6展示了肯起飞前和落地滑行的情形。

肯和我都于2000年年末从贝尔实验室退休。我去了普林斯顿大学，他加入贝尔实验室同事创办的恩智斐（Entrisphere）公司。2006年，他加入谷歌公司，和罗布·派克及罗伯特·格里塞默（Robert Griesemer）

① azel是azimuth/elevation的缩写，即方位角/仰角。——译者注

一起发明了 Go 语言。我听说他离开 Entrisphere 公司加入谷歌公司，去信询问详情。他回邮件说：

图2-5　肯·汤普森准备起飞（cat-v供图）

图2-6　肯·汤普森降落滑行（cat-v供图）

```
Date: Wed, 1 Nov 2006 16:08:31 -0800
Subject: Re: voices from the past

its true. i didnt change the median age of google much,
but i think i really shot the average.
ken
```

日期: 2006年11月1日，星期三，16:08:31 -0800

主题: 回复: 旧时来声

是真的。我没有改变谷歌员工年龄中位数太多，但我想确实拉高了年龄平均线。

肯

第3章　初版（1971）

“本手册完整描述了 Unix 的所有公开功能。它既不提供一般概述（请参阅论文“Unix 分时系统”），也不提供系统实现的细节（有待披露）。”

——Unix 程序员手册（第 1 版），1971 年 11 月 3 日

“缺陷：rm 命令或许应当询问用户是否确实要删除只读文件。”

——rm 命令的手册页，1971 年 11 月 3 日

PDP-7 的 Unix 系统实在有趣，即使它只是运行在一台小型计算机上，而且还没有很多软件，人们还是开始使用了。不过，它显然有其用处，而且也已成为一小群人首选的计算环境。这群人认为它比大型中央计算机更好玩、更具生产力。于是肯·汤普森、丹尼斯·里奇和其他人开始争取要一台更大的计算机，希望能支持更多用户和更有趣的研究。

早期 Unix 团队提交过购买一台 DEC PDP-10 的申请。PDP-10 有 36 位字长的内存，与 IBM 7090、GE 635 和 GE 645 一样。PDP-10 在高校和研究机构很受欢迎。它拥有比孱弱的 PDP-7 大得多的“马力”，但也昂贵得多，申请预算为 50 万美元。

研发 Multics 的痛苦经历记忆犹新，所以管理层没有批准购买 PDP-

10。正如肯所说，管理层的立场是“我们不做操作系统”，不过或许更像是“我们不会给你很多钱买大机器”。

有人认为，管理层的积极作用之一就是随时保持警醒，让要求资源的人打磨申请，专注提案。相比没有资源限制，资源紧张更有机会促成好的、经过深思熟虑的结果。

Unix 团队退而求其次，申请购买一台 DEC 刚刚发布的 PDP-11。按 1971 年美元计，PDP-11 价格大约是 6.5 万美元，比 50 万美元少多了。

这份申请也被驳回。萨姆·摩根在迈克·马奥尼（Mike Mahoney）的 1989 年口述史访谈中解释了部分缘由：

> “这里的管理原则是，雇用聪明人，帮他们融入环境，指出大致的需求方向，给他们很多自由空间。不是说他们想要多少钱就给多少钱。有所投有所不投。就算你误判了好东西，如果它够强，仍然会脱颖而出。”

事后看来，在资源限制之下工作是件好事。如肯自己在 1983 年图灵奖颁奖仪式上所说：

> “随着中央主机向自主式小型机的变化席卷整个业界，Unix 也突飞猛进。我猜想，如果丹尼尔·博布罗（Daniel Bobrow）当时买不起 PDP-10、只能将就用 PDP-11 的话，恐怕今天站在这里的就是他而不是我。”

（丹尼尔·博布罗是 Tenex 的主要作者。Tenex 是在 1969 年为 PDP-

10 编写的操作系统。）

3.1　用作专利申请文档工具的Unix

直接申请买机器的企图失败了，但还有替代办法。贝尔实验室是巨大而富有成效的科研机构，产出大量专利申请。在那个时期，它几乎平均每天被授予一项专利。专利申请是文本文档，但有一些严苛的格式要求，例如要标出行号。既有的计算机系统无法应对这些奇怪的规则，所以专利部门计划向一间公司购买专门硬件来处理。虽然该公司宣称配套软件能够制作符合格式的申请书，但当时那套软件还是不能加行号。

乔·奥桑纳提议，专利部门可以用 PDP-11 准备专利申请材料，Unix 小组负责编写所需软件，包括能以合适格式输出申请书的文本格式化程序在内。而且，不会有人拿这台机器来做操作系统。

这套说辞敷衍了管理层仅剩的反对意见。语音和声学研究中心（Speech and Acoustics Research Center）主任迈克斯·马修斯批出采购资金。迈克斯之所以支持购买计算机，是因为他手下的部门主管李·麦克马洪对文本处理极感兴趣，和奥桑纳一起鼓吹这个项目。

交易达成，买了一台 PDP-11。肯和丹尼斯很快就将 PDP-7 上的 Unix 移植过来。PDP-11 硬件能力有限，只有 24 KB 主存储器和半兆字节磁盘空间。操作系统用了 16 KB 内存，剩下 8KB 给用户程序。

乔·奥桑纳写了一套叫作 Nroff（“new Roff”，意为“新 Roff”）的程序。Nroff 类似于既有的 Roff 文字格式化程序，但它能按所需格式输出专利申请书。到 1971 年下半年，打字员们已经开始使用 Unix 制作所有的专利申请书了。文本格式化是 20 世纪 70 年代 Unix 故事的重要内容，本书第 5 章还会详加讲述。

打字员们在白天处理专利文档。到了夜里，肯、丹尼斯和其他人就用这台 PDP-11 开发软件。开发得在晚上进行，而且要万分谨慎，才不会干扰打字员工作。PDP-11 没有硬件保护机制来防止程序干扰操作系统或其他程序，无心之失很容易使系统崩溃，文件系统错误也会弄丢每个人的工作成果。专利部门尝到甜头，又为 Unix 团队买了一台 PDP-11，组员们这才能够全天进行开发。这个版本成了 Unix 的第 1 版。

图 3-1 所示为一张 1972 年的公关图片，展示了肯·汤普森和丹尼斯·里奇使用运行早期版本 Unix 的 PDP-11 的情形。那台计算机显然是 PDP-11 的特制型号 PDP-11/20。靠近顶部的圆形器件是 DECtapes，一种磁带设备，拥有 144K 个 18 位字长的存储能力。它可以读取或写入

图 3-1　肯（坐者）和丹尼斯使用 PDP-11，约 1972 年（维基百科）

单个磁块，所以能用作虽然慢速但却可靠的临时存储设备。磁带可拆装，所以也能用作备份。

图 3-1 中，肯正在用一台 Model 33 Teletype 打字。这种电传打字机既慢又吵。它基本上是一种计算机控制的电子机械打字机，只能输出大写形式，每秒 10 个字符。Model 33 是 1963 年推出的，但更早的型号从 20 世纪 30 年代早期就开始广泛使用了。

Teletype 公司是 AT&T 旗下企业，其产品广泛应用在贝尔系统和其他地方，最初用来传递信息，之后用来连接计算机。在电传打字机上输入的内容会传送到计算机，运算结果（以大写形式）输出到长条纸卷上，图中只能看到纸卷的顶端部分。可以说，Unix 中许多命令都很短，原因之一就是在 Mode 33 上输入非常费力，而且输出速度太慢。

有人甚至试图制出一台“便携式”Model 33。键盘和打印机被塞进类似手提箱的容器里，理论上可以随身携带，但你不太可能扛着 25 千克的东西走很远。（它也没有轮子。）它通过拨号电话和内置的声学耦合器连接远端计算机：将电话听筒插进一对塑胶插座，耦合器把数据转换为声音，回传时把声音转换为数据，就像传真机那样。我试过几次把这种终端机拖回家，要说它“便携”，实在太过宽容了。

Model 37 Teletype 问世后，情况有了明显改善。它能输出小写字母，而且速度更快（从每秒 10 个字符提升到 15 个字符），但用它打字还是太费劲。它有个扩展打字盒，能输出数学符号，对于撰写专利申请书和技术论文非常有用。它还能以半行为单位来回卷纸，这样就能输出数学上标和下标。

喂纸是个技术活：要想装一盒折叠打印纸上去，须得技艺纯熟。有一次，鲍勃·莫里斯给乔·奥桑纳发了一条信息，其中包括 100 个反向换行。乔读信时，Model 37 开始吞纸，最后将纸吐到了地上。

在早期的若干年里，鲍勃占据了我对面的办公室。“罗伯特·莫里斯”这个名字在贝尔实验室很常见。实际上，几年之后，会有另一位罗伯特·莫里斯来坐这间办公室。所以，鲍勃常常收到误寄的信函，他寄回如仪，并解释说自己不是那位收件人。有封信函是公司其他部门精心设计的蓝图，在其上面写着“请签署姓名首字母并寄回”，没完没了地误寄给莫里斯。试过几次沟通无效，鲍勃干脆签上姓名首字母寄回去。这样的信函再也没有出现过。

3.2 Unix房间

每位 MTS 都有独立办公室，但很多 Unix 开发工作还是在一个叫作“Unix 房间”的共享空间进行。那些年里，Unix 房间的实际所在地换过几次，但一直是大家互通有无、分享点子或只是随便聊聊的地方。

最初，Unix 房间曾短暂地安置在 PDP-7 所在的 2 号楼 4 层，但后来很多年里主要是在 2 号楼 6 层的 2C-644 房。2 号楼只有 5 个办公楼层，6 层基本上是一条服务走廊：光线昏暗，两侧是储藏区域，紧锁的铁笼里装满尘封的报废设备。走廊尽头的开放区域摆放着自动售货机，售卖奇差无比的咖啡和味同嚼蜡的糕点，给深夜编程者提供燃料。另外还有一些封闭空间，Unix 房间在其中之一里待了起码 10 年时间。PDP-11 放置在这个房间，图 3-1 所示的肯和丹尼斯的照片就是在这里拍摄的。加上几张桌椅和一些终端机，这里就成了很棒的共享工作区。

1127中心以外的Unix早期拥趸中，有一位非常杰出的理论物理学家。为逝者讳，姑且叫他“M- L-”好了。M- L-渴望使用Unix，他预见到物理学研究将大量使用计算机。他善良而大方，就是话多，能听得你耳朵起茧子。只要他一开口，就谁也就没有办法拦得住他之后一小时的独白。于是，有人在Unix房间的门上挖了一个小孔，这样我们就可以在进门前窥视一下，看看他是否在里面。这就是所谓的“L洞”。

后来，Unix房间搬到5层9号梯的2C-501室，就在我办公室附近的拐角处。Unix房间添置了各种咖啡机。最初是带有加热器的普通咖啡机，可以保持咖啡温度，直到加热器烧掉（或者咖啡机烧掉，这种事经常发生），然后是一系列越来越昂贵的浓缩咖啡机和磨豆机（图3-2），最后那台咖啡机价值大约3000美元。如果我的消息来源正确，Unix房间的居民凑钱买机器，而管理层则支付咖啡消耗费用。

图3-2　Unix房间的浓缩咖啡机和磨豆机

Unix 房间趣味十足，总有一些事情在发生。有些人几乎只在那里工作，很少待在自己办公室，其他人则会每天多次来这里喝咖啡聊天。就跟上同事们的工作进度，以及创造和保持社区感而言，Unix 房间的重要性不言而喻。

回头看来，我认为，贝尔实验室合理地安排了空间使用。独立办公室虽然比开放式区域成本更高，但也给了员工安静平和的空间，让员工可以不受旁边没完没了的噪声影响，专注于工作，还能够保存图书、文件，关上门就能沉思或私聊。如今，我已在开放式区域工作了足够长时间，起码对我而言，开放式工作区不利于集中注意力。贝尔实验室既提供独立办公室，又为群体提供共享空间，这套机制非常棒。

实验室也创造条件，让人们可以晚上轻松地继续在家工作。公司给我家里装了一条专用电话线（毕竟 AT&T 是电话公司），让我可以连接到墨里山的 Unix 系统，在晚上和周末工作。这条电话线我用了好些年。专用电话线还带来预想不到的好处。拨一个特殊接入代码，就可以无限制地往美国任何地方打免费长途电话。当时长途电话费用不菲，这真是相当不错的福利。肯·汤普森告诉我这一切是怎么来的：

> “乔·奥桑纳认为，我们得有家庭电话线和电传打字机。他做了一张订购单，复制多份，放到文具保管室。然后，他在组织结构中把自己调整为这张订购单的审批人，并替 Unix 的几位核心人员提交申请。几通询问电话后，乔填好表格，自己签名批准。就这么简单，他只是做了张表格，电话线就拉到我们家里了。”

1985年，彼得·温伯格晋升为1127中心主任。公司内刊《贝尔实验室新闻》（*Bell Labs News*）（由于该报只刊登正面新闻，所以大家都叫它《贝尔实验室喜讯》（*Bell Labs Good News*））为他拍摄了一张专业照片。千不该万不该，彼得误将这张肖像照（图3-3）留在了Unix房间。

图3-3　彼得·温伯格的肖像照（杰勒德·霍尔兹曼供图）

很快，他的照片就在Unix房间遍地开花，有时还用当时刚推出的AT&T徽标（图3-4）做滤镜处理。杰勒德·霍尔兹曼回忆说：

> “AT&T揭晓公司新徽标后的几周内，汤姆·达夫（Tom Duff）弄了个彼得徽标（图3-5），从此成为我们中心的象征符号。罗布·派克找人印了T恤衫。肯·汤普森订购了印有彼得徽标的咖啡杯。”

图3-4　AT&T“死星”徽标[①]

图3-5　加了AT&T徽标滤镜的彼得（杰勒德·霍尔兹曼供图）

① 这个徽标由索尔·贝斯（Saul Bass）设计，因为形似电影《星球大战》中的终极兵器死星（death star）而被非正式地叫作“死星”。——译者注

那些年里，彼得的面孔出现在好几十个地方——组织结构图，楼梯墙壁上的圆磁阵列，还被印在新铺设的混凝土地板上和微处理器芯片上。最吸睛的是，1985 年 9 月 16 日夜间，他的形象被画在了在贝尔实验室的一座水塔上（图 3-6）。

图3-6　水塔上的彼得，1985年（杰勒德·霍尔兹曼供图）

关于谁是水塔画的作者，一直有各种传言，但过了 30 多年，仍无人揭秘。有人曾经提出颜料费用报销申请，但申请被驳回了[①]。无论如何，没过几天，某个不认同我们幽默感的官员就派人刷上涂料，盖住了

① 贝尔实验室官网一篇纪念 UNIX 50 周年的文章中说，申请者是虚拟人物埃姆林（详见后文）。——译者注

这幅画作。

杰勒德维护着一个网站，在其上面可以找到关于千面彼得的完整故事。正是杰勒德和罗布·派克一起，用彼得的照片做了很多衍生品。

贝尔实验室制度宽松，但到了20世纪80年代早期至中期某个时候，出台了新规：员工必须一直佩戴胸牌。这样做无疑能有效鉴别出外来人员，但员工并不乐意照办。有位同事（在此隐去姓名）用万能胶把胸牌粘在额头上，还有一位则把胸牌别在胸毛上，在被要求出示时才露出来。

图3-7　MTS格雷丝·埃姆林

胸牌没有安全鉴证功能，只是在模板上贴了张照片而已。因此，我们虚构了一位叫格雷丝·埃姆林（Grace R. Emlin）的员工，她的系统登录名为gre[①]，还有自己的胸牌（图3-7），并不时出现在官方名单和出版物上。

图3-8　我的贝尔实验室高安全等级胸牌

我的胸牌上贴着米老鼠的图片（图3-8）。我时常佩戴，甚至在新泽西霍姆德尔的贝尔实验室会见比尔·盖茨（Bill Gates）时也戴着。盖茨过来

① 杰勒德网站上记载的登录名是gremlin（G.R.Emlin的连写）。Gremlin是传说中破坏机器运行的小妖精。埃姆林胸牌照片的确就是一只小妖精，形象大概来自1984年电影*Gremlins*。——译者注

是为了宣传 Windows 3.0。没人注意到我胸牌的异样。

图 3-9 和图 3-10 展示了 2005 年 Unix 房间的部分布置。

图 3-9 Unix 房间图 1，2005 年 10 月

图 3-10 Unix 房间图 2，2005 年 10 月

3.3 Unix程序员手册

在线手册是 Unix 的早期成果之一。手册采用和现在差不多的格式，风格简洁。每个命令、库函数、文件格式等，在手册上都有专页，简要说明其功能和用法。例如，图 3-11 展示的 cat 命令的第 1 版手册页。cat 命令用于将 0 个或多个文件连接到标准输出流，标准输出流默认是用户终端。

```
     11/3/71                                                   CAT (I)

NAME              cat -- concatenate and print

SYNOPSIS          cat file1 ...

DESCRIPTION       cat reads each file in sequence and writes it on the
                  standard output stream. Thus:

                                  cat file

                  is about the easiest way to print a file. Also:

                     cat file1 file2 >file3

                  is about the easiest way to concatenate files.

                  If no input file is given cat reads from the standard input
                  file.

FILES

SEE ALSO          pr, cp

DIAGNOSTICS       none; if a file cannot be found it is ignored.

BUGS

OWNER             ken, dmr
```

图3-11　第1版Unix中的cat(1)用户手册

早期的手册页往往每个命令就真的只有一页，这在如今已不常见。除了简洁，还有几个特点在当时来说也很新颖。例如“缺陷”部分，它坦承程序会有缺陷，或谓“特性”，即使不能立即修复，至少也该记录下来。

cat 命令 50 年来没有变过，只添加了很少的可选（也许并不必要的）参数，修改了其操作行为，它仍然是 Unix 核心命令之一。在 Linux、macOS 或 Windows Subsystem for Linux（WSL）终端窗口中输入下列命令，可以查看它现在的状态：

```
$ man cat
```

当然你也可以使用 man 命令本身来查看 man 命令的手册页：

```
$ man man
```

3.4 存储略谈

年轻读者可能会怀疑前文提及的内存大小不准确。例如，IBM 7090 或 7094 拥有 32K（32 768）个 36 位字长的内存；肯用过的原版 PDP-7 拥有 8K（8 192）个 18 位字长内存，也就是 7090 内存的大约八分之一；第一台 PDP-11 拥有 24 KB 主存储器和半兆硬盘。我的 2015 年版 MacBook Air 有 8 GB 内存（超过 33 万倍）和 500 GB 的硬盘（50 万倍），价格不过 1 000 美元。

简而言之，以当下标准看，那时的计算机内存很小。现在主存储器动辄以 GB 计，硬盘以 TB 为单位，而且既便宜又小巧，被广为使用。但在 20 世纪 60 年代和 70 年代早期，存储技术和现在可不太一样。那时的计算机的主存储器由一系列甜甜圈形状的铁氧体细小磁芯构件组成。制造工人手工将导线穿过磁芯，将它们连接起来。每个磁芯都可以用两种方式进行磁化（如顺时针或逆时针），因此能够代表 1 个信息位，8 个磁芯就是 1 字节。

磁芯内存非常昂贵，因为制造它需要高度熟练的手工劳动。它也很笨重。图 3-12 显示了一个 16K bit（2KB）的磁芯内存，在 1971 年，它大概要卖 1.6 万美元，即每位接近 1 美元。

图3-12　磁芯内存；16K bit，2KB（~5.25英寸，13厘米）

内存往往是计算机中最昂贵的部件。每个字节都很珍贵。程序员受内存资源约束，得随时清楚使用了多少内存，有时不得不采取讨巧和冒险的编程技术来将程序放入可用内存中。

Unix 擅长高效利用计算机的有限内存。这首先得归功于像肯和丹尼斯这样天赋异禀的程序员，他们知道如何节省内存。

其次，这些天才找到了实现通用性和统一性的方法，于是就能用较少的代码完成更多任务。有时这得靠巧妙的编程手段，有时是拜更好的算法所赐。

汇编语言也厥功至伟，相比高级语言，它能让指令执行得更快，使用更少内存。只有到了 20 世纪 70 年代，基于半导体和集成电路的新内存技术变得普遍，程序员才负担得起使用 C 之类高级语言所需的额外开销（这些开销虽然不特别高，但也得仔细盘算）。

存储分配器，如最初的 `alloc` 和道格·麦基尔罗伊后来写的 `malloc` 库，用来在程序运行时动态分配和重新分配内存，这是充分利用稀缺资源的另一种方式。当然，得谨慎操作内存，因为最微小的错误都可能导致程序出错（即使在今天，起码从我在课堂上看到的学生操作而言，这种情况也未绝迹）。内存管理不当仍然是 C 语言程序出错的主要原因之一。

当程序出现严重错误时，操作系统会注意到，并试图通过创建一个保存主存储器状况（即磁芯中的内容）的文件来帮程序员定位错误，这就是"磁芯转储"（core dump）一词的由来。虽然磁芯早已退出舞台，这个词仍在使用。保存主存储器状态的文件仍然被称为磁芯（core）。

3.5　丹尼斯·里奇小传

以下丹尼斯·里奇的生平简介改编自我 2012 年为美国国家工程院（National Academy of Engineering）撰写的纪念文章。

图 3-13　丹尼斯·里奇，约 1981 年（杰勒德·霍尔兹曼供图）

丹尼斯（图 3-13）生于 1941 年 9 月。他的父亲阿利斯泰尔·里奇

（Alistair Ritchie）在墨里山的贝尔实验室工作多年。丹尼斯在哈佛大学完成了物理学的本科学业和应用数学的研究生学业。他博士论文[①]（1968年）的主题是函数的亚递归层次结构，这是专家才能应对的题目，远远超出我的能力范围。图3-14展示的是丹尼斯博士论文中的一页，取自一份模糊的复本。在谈及职业道路时，丹尼斯说：

Now if $\beta = \omega^m b_m + \cdots + \omega^{n+1} b_{n+1} + \omega^n b_n + \cdots + \omega^o b_o$, let $\beta' = \omega^m b_m + \cdots + \omega^{n+1} b_{n+1}$. Then $\beta + \omega^n(q + b + 5\underline{m} + 1) = \beta' + \omega^n(q + b + b_n + 5\underline{m} + 1)$ and furthermore β' is the least ordinal with this property. Thus by (3.2),

$$\begin{aligned}
T_{\underset{\sim}{P}}(\bar{x}_k) &\leq f_{\beta' + \omega^{n+1}}(q + b + b_n + 5\underline{m} + 1) \\
&= f_{\beta + \omega^{n+1}}(q + b + b_n + 5\underline{m} + 1) && \text{by definition of } \beta' \\
&\leq f^{(q+b+b_n+1)}_{\beta + \omega^{n+1}}(5\underline{m}) && \text{by (3.4.v)} \\
&\leq f^{(q+b+b_n+1)}_{\beta + \omega^{n+1}} f^{(3)}_1(\underline{m}) && \text{by (3.4.ii)} \\
&\leq f^{(q+b+b_n+4)}_{\beta + \omega^{n+1}}(\underline{m}) && \text{by (3.4.vii)}
\end{aligned}$$

But even if $\underline{m} = 0$, $T_{\underset{\sim}{P}}(\bar{x}_k) = 2 \leq f^{(q+b+b_n+4)}_{\beta + \omega^{n+1}}(\underline{m})$ by (3.4.v). Since $t_{n+1}(\beta) = t_n(\beta) + b_n = b + b_n$, the lemma is proved, concluding Case 4.

图3-14　摘自丹尼斯·里奇的博士论文书影（计算机历史博物馆供图）

“本科经历告诉我，我不够聪明，成不了物理学家，那时我也认识到计算机有多厉害。研究生经历令我确信，我不够

① 里奇的博士论文通过了审查，但因为他不肯花钱按学校要求装订，结果没有获得博士学位。——译者注

聪明，成不了算法理论专家。我也认识到，自己更喜欢过程式语言而不是函数式语言。”

就像 C++ 的创造者本贾尼·斯特劳斯特鲁普曾说过的那样，“如果丹尼斯决定把那 10 年的时间花在研究深奥的数学上，Unix 就会‘胎死腹中’。”

丹尼斯在贝尔实验室度过了几个夏天，并于 1967 年正式入职，成为计算科学研究中心技术团队的一员。在最初的几年里，他一直参与研发 Multics。如前所述，Multics 被证明野心过甚，而且大家越来越明白，目标无法实现。贝尔实验室于 1969 年退出 Multics 研发计划，肯、丹尼斯和其他同事拥有了设计创新操作系统的经验和对高级语言实现的品位，并得到机会，向着更合适的目标重新启程。其结果就是 Unix 操作系统和 C 语言。

C 语言的起源可以追溯到 20 世纪 70 年代初。它基于丹尼斯为 Multics 实现高级语言的经验而创造，但由于当时大多数计算机能力有限，根本没有足够的内存或处理能力来支持复杂语言的复杂编译器，所以 C 语言的规格大大缩小了。这种被迫最小化符合肯和丹尼斯对简单性和统一性的偏好。对于真实的计算机硬件来说，C 语言也很适合，将其翻译为高效运行的好代码的方法显而易见。

有了 C 语言，就有可能使用高级语言编写整个操作系统。到了 1973 年，Unix 已经从原来的汇编语言改为 C 语言编写，系统的维护和修改变得更加容易。将操作系统从最初的 PDP-11 计算机移植到其他不同架构的计算机，这是 C 语言带来的另一个巨大进步。由于大部分系统代码都用C语言编写，所以移植系统所需工作并不比移植C语言编译器多多少。

丹尼斯是超一流的技术作家，文风清雅，用词灵巧，字里行间闪烁着干练的智慧，准确地反映了他的个性。我和他合著了《C程序设计语言》（*The C Programming Language*），该书于1978年出版，1988年出第2版，此后被翻译成20多种语言。丹尼斯原著的C语言参考手册是1988年首次推出的ANSI/ISO（美国国家标准学会American National Standards Institute/国际标准化组织International Organization for Standardization）的C标准的基础，也是该标准的主要构成部分。毋庸置疑，C语言和Unix的部分成功可以归功于丹尼斯的写作。

因他和肯·汤普森一起为C语言和Unix所做的工作，丹尼斯获得了许多荣誉和奖项，包括ACM图灵奖（1983年）、美国国家技术奖章（National Medal of Technology）（1999年）、日本信息通信奖（Japan Prize for Information and Communications[①]）（2011年）并入选美国国家发明家名人堂（National Inventors Hall of Fame）（2019年追授）。

在很多年里，丹尼斯成功逃脱承担管理职责的重任，但最终还是屈服，担任软件系统部门主管，负责组建Plan 9操作系统团队。2007年，丹尼斯卸任，正式退休，但几乎每天都会来贝尔实验室，直到2011年10月去世。

丹尼斯为人谦虚大方，总是轻描淡写自己的贡献，把功劳归于他人。例如，在1996年关于Unix演进的回忆录的致谢部分，他写道：

---

① 日本信息通信奖是日本政府组织的科学奖项。由于大地震和海啸影响，2011年第27届日本奖颁奖礼没有集中举办，4位获奖者分别在日本和美国领奖。——译者注

“看到文中出现指向不明的‘我们’二字时，读者大可理解为‘汤普森，加上我的一点点协助’。”

丹尼斯于 2011 年 10 月辞世。以下内容来自贝尔实验室网站丹尼斯主页上他兄弟姐妹的谢词：

我们是丹尼斯的兄弟姐妹，林恩（Lynn）、约翰（John）和比尔·里奇（Bill Ritchie）。谨代表整个里奇家族，为我们读到的对丹尼斯的衷心赞美，表达我们的感动、惊讶和感激。我们可以确认，以下这些一再听到的评价完全属实：

丹尼斯绝对是善良、体贴、朴实和慷慨的兄弟，当然，也是个百分百的极客。他有一种滑稽洗练的幽默感，对生活中的荒谬之处有着敏锐的洞察力，但他的世界观里全然没有愤世嫉俗或刻薄之心。

失去他，我们非常难过。我们意识到，他给这个世界留下了多么深刻的印记。除了他的成就，他那温和的个性似乎也被人们所理解，这给我们带来的触动是言语无法表达的。

林恩、约翰和比尔·里奇

第4章　第6版（1975）

“Unix 安装数已达 10 个，有望继续增加。”

——Unix 程序员手册（第 2 版），1972 年 6 月

“Unix 安装数现已超过 50 个，有望继续大量增加。”

——Unix 程序员手册（第 5 版），1974 年 6 月

按照手册上的日期，第 1 版 Unix 在 1971 年底开始运行。在接下来的几年里，大约每半年就会有一版新手册问世，每次都会增加重要的新功能、新工具和新语言的相关内容。第 6 版 Unix，其手册发布于 1975 年 5 月，首次拓展到贝尔实验室以外。它对世界产生了重大影响。

丹尼斯·里奇和肯·汤普森的论文“The Unix Time-Sharing System”（Unix 分时系统）首次公开描述了 Unix。这篇论文发表在 1973 年 10 月举行的第四届 ACM 操作系统原理研讨会（ACM Symposium on Operating Systems Principles）上；1974 年 7 月，稍做修改后，这篇论文重新发表在《ACM 通讯》（*Communications of the ACM*，*CACM*）上。论文摘要简明扼要地总结了大量的好点子：

> Unix 是一个通用、多用户、交互式操作系统，运行在数字设备公司 PDP-11/40 和 11/45 计算机上。它提供了一些即使

在大型操作系统中也罕见的功能，包括：

（1）包含可拆卸卷的分层文件系统；

（2）可兼容的文件、设备和进程间 I/O（输入 / 输出）；

（3）初始化异步进程的能力；

（4）每个用户可选择不同的系统命令语言；

（5）100 多个子系统，包括十几种语言。

这些“即使在大型操作系统中也罕见”的功能是什么？其意义何在？接下来的几节将详细讨论其中部分内容。如果你不偏爱技术，略过本章也无关紧要。我尽量在每节开始处总结该节的重要信息，这样你就可以跳过细节。

4.1 文件系统

文件系统是操作系统的一部分，负责管理磁盘等次级存储设备上的信息。过去有好些年，磁盘是基于磁性旋转介质的精密机械装置，如今最常见的是固态硬盘和 USB 闪存盘等没有可移动部件的集成电路。

通过 Windows 上的资源管理器（Explorer）和 macOS 上的访达（Finder）等程序，我们已经熟识这种信息存储的抽象视图。再往下是管理物理硬件上各种信息的大量软件，它们跟踪每个部分的位置，控制访问，使其有效地进行读写，并确保其始终处于持续一致的状态。

在 Multics 之前，大多数操作系统充其量只是提供了复杂又不规则的文件系统来存储信息。Multics 文件系统比当时的其他文件系统更通用、更规则、更强大，但相应地也很复杂。肯开发的 Unix 文件系统从 Multics 中汲取了养分，但明显更简单。其整洁、优雅的设计多年以来被广泛使用和模仿。

每个 Unix 文件都只是一系列字节的组合。文件内容的结构或组织方式只由处理它的程序决定，文件系统本身并不关心文件中的内容。这意味着任何程序都可以读取或写入任何文件。如今看来，这个概念似乎显而易见，但在早期的系统中并不总受青睐，因为早期系统有时会对文件中的信息格式以及程序如何处理这些信息施加限制。道格·麦基尔罗伊讲过一个例子：

> "源代码是一种特别的文件类型，不同于其他数据文件。编译器可以读取源代码，编译好的程序可以读取和写入'数据'。因此，Fortran 程序的创建和读取往往与其他文件的创建和读取隔离开来，编辑和输出的方式完全不同。这就排除了使用程序生成（甚至简单复制）Fortran 程序的可能性。"

Unix 没做区分：任何程序都可以处理任何文件。如果程序处理不了文件，例如，试图将 Fortran 源文件当作 C 语言程序来编译，那和操作系统没有任何关系。

Unix 以目录为单位来组织文件。（其他操作系统通常称之为文件夹。）Unix 目录也是文件系统中的一个文件，但其内容由系统本身维护，不由用户程序维护。目录中包含了其下文件的信息，而这些文件又可以是目录。

Unix 目录项包括目录内的文件名、访问权限、文件大小、创建和修改的日期及时间，以及在哪里可以找到文件内容的信息。每个目录下都有两个特殊的目录项，名为“.”（目录本身）和“..”（上层目录），它们的发音分别为“dot”和“dotdot”。根目录是层次结构的顶端，名为“/”。从根目录往下走就能找到任何文件，而从任何文件都可以通过上层目录序列向上找到根目录。因此，本书的文本可以在 /usr/bwk/book/book.txt 中找到。系统还支持当前目录的概念，因此文件名可以由文件系统中的当前相对位置来定位，而不必列明从根目录开始的完整路径。

因为目录可以包含子目录，所以文件系统可以深入至任意层。这种嵌套目录和文件的组织方式被称为“分层”文件系统。同样，虽然事后看来优势明显，但在 Multics 和 Unix 之前，分层文件系统并没有被广泛使用。例如，有些文件系统限制了嵌套的深度，CTSS 就限制只能有两层。

4.2 系统调用

操作系统为运行于其上的程序提供一系列服务，包括启动和停止程序、读取或写入文件中的信息、访问设备和网络连接、报告日期和时间之类信息等。这些服务在操作系统内部实现，正在运行的程序可以通过一种叫作*系统调用*的机制来获取服务。

归根结底，系统调用就是操作系统，因为它们定义了系统提供的服务。一套系统调用可能有多个独立的实现，Unix 系统和类 Unix 系统的不同版本就是如此。其他完全不同的操作系统，如 Windows，可以提供软件，将 Unix 系统调用转换为自己的系统调用。而且即使是类 Unix 系统，也必然会有某一操作系统特有的系统调用。

第 1 版 Unix 只有 30 多个系统调用，其中大约一半与文件系统有关。由于文件只包含未经释义的字节，所以基本的文件系统接口非常简单，只有 5 个系统调用，用于打开或创建文件，读写其字节，以及关闭文件。通过使用以下这样的语句，从 C 语言程序中调用函数访问这些服务。

```
fd = creat(filename, perms)
fd = open(filename, mode)
nread = read(fd, buf, n)
nwrite = write(fd, buf, n)
status = close(fd)
```

creat 系统调用创建新文件，并设置它的访问权限。通常情况下，访问权限允许或禁止用户、用户所在组和其他所有人读、写及执行文件的能力。这 9 个权限位[①] 用相对较少的机制给出了相当大的控制权。open 系统调用打开现有文件，mode 指明是读文件还是写文件，filename 是层级文件系统中的任意路径。

调用 open 和 creat 产生的 fd 值称为文件描述符（file descriptor），是一个非负小整数，在后续的文件读写中使用。read 和 write 系统调用尝试从文件读出或向文件写入 n 个字节；系统调用返回实际传输的字节数。对于所有这些系统调用，如果返回负值（通常是 -1），则表示发

① user、group、others 与 read、write、execute 两两组合，一共 9 种权限。——译者注

生了某种错误。

顺便说一下，creat 系统调用之所以这么拼写[①]，只能归咎于肯·汤普森的个人品位，没有其他什么好借口。罗布·派克曾经问肯，如果重写 Unix，他会做哪些修改。他的答案是什么？“我会在 creat 后头加上字母 e。”

Unix 的另一创新是把磁盘、终端等外围设备都看作文件系统中的文件，磁盘是功能列表中提到的“可拆卸卷”。访问设备的系统调用和访问文件的系统调用是一样的，所以同样的代码既可以操作文件也可以操作设备。当然实际上并没那么简单，因为真实的设备有奇怪的属性要处理，所以还有其他系统调用来处理这些特殊性，尤其是终端的特殊性。这部分系统并不漂亮。

还有一些系统调用负责设定文件内的位置、确定文件状态等。50 年来，这些系统调用都得到了完善，偶尔也有改进，但基本模式很简单，易于使用。

今天的读者可能很难体会到这一切是做了多大简化之后的结果。早期操作系统中，真实设备的所有复杂情况都会反馈给用户。用户必须知道磁盘名称，了解磁盘的物理结构，如有多少柱面和磁道，以及数据是如何安放在上面。史蒂夫·约翰逊下面这段话让我记起，那时霍尼韦尔主计算机上的分时子系统是多么的笨拙：

> “要在霍尼韦尔 TSS 系统上创建文件，必须先进入一个子系统。你得回答 8 个问题：文件的初始尺寸、最大尺寸、名

① “创建”的英文单词是 create，肯·汤普森出于个人喜好，省略了词尾的 e。——译者注

称、设备、谁能读它、谁能写它等。问题逐个提出，你逐个回答。答完所有问题后，操作系统得到这些信息。如果输入错误，文件创建就会失败。这意味着你得再次进入子系统，再次回答所有的问题。难怪文件终于创建时，系统会反馈说'SUCCESSFUL!'"

Unix 效仿 Multics，隐藏了所有这些冗言赘语：文件只是字节。用户决定这些字节代表什么，而操作系统则只负责存储和取出，不向用户暴露设备属性。

4.3　shell[①]

shell 是运行其他程序的程序。它让用户运行命令，是用户和操作系统之间的主要接口。登录到 Unix 系统时，我的键盘连接到一个正在运行的 shell 实例。我可以输入命令，通常一次输入一个命令。shell 依次运行每个命令，完成一个命令后，它就会为下一个命令做好准备。会话可能像下文这样，其中 $ 是 shell 输出的提示，让我知道它在等我做点什么。我输入的内容以斜体字表示[②]。

```
$ date（告诉我当前日期和时间）
Fri Oct 18 13:09:00 EDT 2019
$ ls（列出目录内容）
book.pdf
```

① shell 是“外壳”的意思，但约定俗成使用原文，故这里也不做翻译。——译者注

② 括号内是对命令的解释，不是命令的一部分。——译者注

```
book.txt
$ wc book.txt（计算book.txt的行数、单词数和字符数）
     9918 59395 362773 book.txt
$ cp book.txt backup.txt（将book.txt复制到备份文件）
```

重点说明：shell 是个普通的用户程序，而非操作系统的组成部分，这也是从 Multics 中汲取的概念（也就是功能列表中提到的所谓“用户可选择系统命令语言”）。因为 shell 是用户程序，所以很容易用其他程序取代，这就是为什么有那么多 Unix shell 的原因。如果你不喜欢某个 shell 的工作方式，大可另择优者，甚至可以自己写个 shell 取而代之，所以 shell 并不特指哪个具体程序。

也就是说，所有 Unix shell 都提供了相同的基本功能，通常也采用相同的语法。Unix shell 最重要的功能是运行程序。它们也都提供了文件名通配符，像“*”这样的模式元字符会被扩展成符合模式的文件名列表。例如，要运行程序 wc（word count，字数统计）来计算当前目录下所有名字以 book 开头的文件中的行数、字数和字符数，对应命令是：

```
$ wc book*
```

shell 将模式 book* 扩展为当前目录中所有以 book 开头的文件名，并以这些文件名为参数运行 wc。wc 命令并不知道文件名列表是由模式指定的。重要的是，模式展开由 shell 执行，不必劳烦接收参数的程序。多年以来，微软的 MS-DOS 操作系统并不这样工作，有些程序做了自己的扩展，而另一些则没有，用户不能指望看到程序行为一致。

shell 的另一主要服务是 I/O 重定向。如果程序被设计为从标准输入（默认为终端）读取，可以通过以下方法改从文件中读取：

```
$ program <infile
```

如果它被设计为写到标准输出（同样，默认为终端），也可以被引导写入输出文件，如下所示：

```
$ program >outfile
```

如果目标文件尚不存在，就会被创建。与上述文件名扩展一样，程序不知道它的输入或输出被重定向。这是一种统一机制，由 shell 应用，而不是由单独的程序应用，并且比通过文件名参数指定文件输入和输出的方法更容易使用。以下是指定参数的方法示例：

```
$ program in=infile out=outfile
```

shell 脚本（shell script）是存储在文件中的一系列命令。用该文件作为输入源，运行 shell 实例，如同直接输入命令一样运行脚本中的命令：

```
$ sh <scriptfile
```

脚本封装命令序列。例如，对于本书，我写了一系列简单的检查命令，查找拼写和标点符号错误、不正确的格式化命令和其他可能存在的失误。这些检查中的每一项都会运行一个程序。我可以一遍又一遍地重复输入这些命令，也可以把命令序列放在一个叫 `check` 的脚本文件中，运行 `check` 指令就能做检查。其他的脚本则能输出书页，还能做备份。

虽然这些脚本是专为我和这本书而编写，但它们实际上是一套新Unix 命令。这类个人命令是 shell 脚本的常见用法，可以快速应用频繁的计算操作。我现在还在用一些三四十年前写的脚本，这在 Unix 的长期用户中一点也不稀奇。

使 shell 程序完全等同于编译后的程序的最后一步：如果文件被标记为可执行文件，它将被传递给 shell 执行。这样一来，shell 脚本就成了“一等公民”，在执行时与编译后的程序没有区别：

```
$ check book.txt
```

shell 脚本并不能取代编译后的程序，但它们是程序员工具箱的重要组成部分，既适用于个人，也适用于大型任务。如果你发现自己一遍又一遍地运行着同样的命令序列，那就把它们放到 shell 脚本中，从而将烦琐工作变得自动化。如果某个 shell 脚本太慢，可以用其他语言重写。到下一节探讨管道（pipe）技术时，我们将看到 shell 脚本的更多力量。

4.4 管道

管道也许是 Unix 中最引人注目的创新。管道是一种机制，由操作系统提供，并通过 shell 轻松访问。它将程序的输出与另一程序的输入连接起来。操作系统让它发挥作用，只需要一个既简单又自然的 shell 符号就能用起来，结果是得到一种设计和使用程序的新思路。

将程序连接起来的想法由来已久。Unix 语境中最清晰的陈述之一出现在道格·麦基尔罗伊在 1964 年写的一份内部文件里。这份文件提出，“像花园水管那样”把程序接在一起。图 4-1 的第一幅图来自我在贝尔实验室的办公室墙上挂了 30 年的陈旧纸页。其中有打字错误，打印质量也糟糕，这正好展示了打字文件通常是什么样子。第二幅图是更正后的抄本。

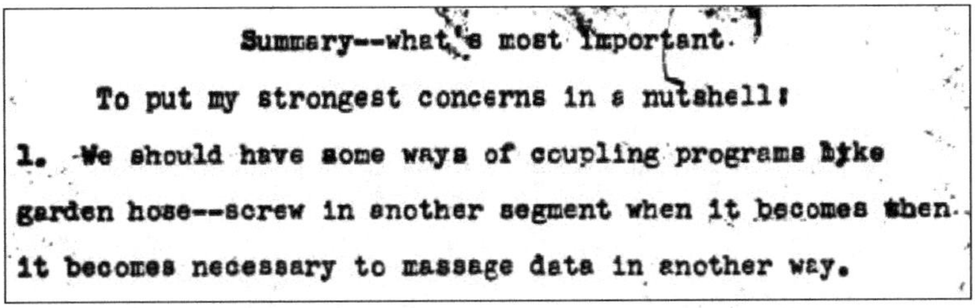

Summary--what's most important.

To put my strongest concerns in a nutshell:

1. We should have some ways of coupling programs bjke garden hose--screw in another segment when it becomes then. it becomes necessary to massage data in another way.

Summary--what's most important

To put my strongest concerns in a nutshell:

1. We should have some ways of coupling programs like garden hose--screw in another segment when it becomes necessary to massage data in another way.

图4-1　道格·麦基尔罗伊关于管道的想法（1964年）[1]

道格原本想让程序与程序能够随意连接，但如何自然地描述一个无约束图并不那么容易，而且还存在语义上的问题：在程序之间流动的数据必须正确排队，而程序的无管理连接有可能容纳不了那么长的队列。而且肯无论如何也想不出实际应用场景。

但道格继续唠叨，肯继续思考。正如肯所说：“有一天，我想到了：

---

① 对应译文如下：“小结——我最关心的问题是：1. 我们应该有像花园浇水管那样的耦合程序的方法——当需要用另一种方式操作数据时，就接入另一段软管。”供参考。——译者注

管道。本质上就是管道。”他只花了一小时就在操作系统中添加了管道系统调用。他形容管道是“超级小菜”，因为I/O重定向的机制早已存在了。

肯将管道机制添加到shell，尝试使用。他说，结果“很震撼”。

管道符号是两个命令之间的一道竖杠，简单而优雅。例如，要计算某个目录中的文件数量，可以将 ls 的输出（每个文件一行）用管道导向 wc（计算行数）的输入。

```
$ ls | wc
```

不妨将程序看成一种过滤器，读取数据进来，以某种方式进行处理，然后输出结果。有时这样做非常自然，例如在程序中选择、改变或计数。但有时过滤器并不是一边读入一边输出，例如，sort 命令在产生任何输出之前必须读完所有输入。但这无关紧要——把它打包成可以放入管道中的过滤器，仍然有其意义。

肯和丹尼斯仅用一晚时间就升级了系统中的每个命令。最大的改变是，在未输入文件名参数时，从标准输入流中读取数据。标准错误流 stderr 的创造也有其必要性。标准错误是独立的输出流：发送给它的错误信息被区隔在标准输出之外，因此不会进入管道。总的来说，这事不难——大多数程序只需要抛弃会扰乱管道的无关信息，并将错误报告发送到 stderr 即可。

管道带动了很多令我记忆深刻的创新。管道面世的确切日期没人记得，不过应该是在1972年下半年，因为它没有出现在手册的第2版（1972年6月），但在第3版（1973年2月）中出现了。

关于如何组合既有程序而不是写新程序来完成某项任务，Unix 房间的每位成员都有好主意。我的点子是深挖 who 命令。who 命令列出当前登录的所有用户。在大多数人都在自己的计算机上工作的今天，who 这样的命令意义并不大，但由于分时的本质是多人共享同一台计算机，所以知道还有谁也在使用系统会很有帮助。who 命令确实增加了社群感：你可以看到谁登录了系统。遇到问题时，即使大家都是深夜在家工作，也可以寻求对方帮助。

who 命令为每个登录用户输出一行信息，grep 查找符合特定模式的所有文本，wc 统计行数，所以使用以下管道就能获知登录用户的状态。

```
who                     # 谁登录了?
who | wc                # 有多少人登录了?
who | grep joe          # 乔登录了吗?
who | grep joe | wc     # 乔登录过多少次?
```

要想了解管道提供了怎样的改进，请考虑在没有管道的情况下，使用 I/O 重定向到文件，最后一个任务（乔登录过多少次）将如何执行：

```
who >temp1
grep joe <temp1 >temp2
wc <temp2
```

然后还得删除临时文件。有了管道，一行命令就能完成任务，而且不会产生临时文件。

肯最喜欢提到的管道范例是语音计算器。这个程序使用了鲍勃·莫里斯的 dc 计算器程序。肯的 number 程序将数字输出成单词（“127”

变成了“one hundred and twenty seven”），speak 程序读入文本并合成发音。肯在 2019 年接受采访时说：

> “在 dc 程序中输入 *1 2* +，计算结果由管道导入 number 程序，然后再导入 speak 程序，speak 程序就会说出‘four’。
>
> （听众大笑）
>
> “我数学一向不好。”

回头看来，管道是 Unix 的主要贡献之一。正如丹尼斯 1984 年在“The Evolution of the Unix Time-sharing System”（Unix 分时系统的演进）一文中写到的那样：

> “同样一些命令，以简单方式持续使用，构成了 Unix 管道，这恰恰是管道的天才之处。实在需要脑洞大开，才能看到这种可能性并创造出这个概念。”

4.5 grep 命令

Unix 生来就是命令行系统，也就是说，用户通过输入命令来运行程序，而不是像 Windows 或 macOS 那样通过鼠标指向和点击图标来运行程序。对于新手来说，命令行界面并不如指向和点击那样简单，但即使在只有中度经验的人手中，它也会高效得多。它能实现图形界面无法实现的自动化功能：命令序列可以从脚本中运行，输入单个指令就能作用于大量文件。

Unix 一向拥有丰富的命令行小工具，也就是处理日常简单任务的程序。有六七个命令用来操作文件系统，如 ls 用于列出目录中的文件，颇似 macOS 上的访达或 Windows 上的资源管理器；cat 和 cp 用于以各种方式复制文件；mv（“移动”，move 的简写）用于重命名；rm 用于删除文件。有一些命令用于处理文件内容，如 wc 用于计数，sort 用于对文件进行排序；有一些命令用于比较文件，另外一些用于转换，如大小写转换；还有一些用于选择文件的一部分。（Unix 用户会想到 uniq、cmp、diff、od、dd、tail、tr 和 comm。）再加上另外十几个其他类别的工具，你就有了 20 个或 30 个命令，可以轻松完成各种基本任务。

实际上，工具如同语言中的动词，而文件则是动词所应用的名词。语言通常是不规则的，每个命令都有可选的参数来修改它的行为。例如，sort 通常按字母顺序逐行排序，但加上参数之后，它就能按反序、数值、特定字段等方式排序。

要想用好 Unix，和学习自然语言一样，必须学习类似于不规则动词族系的东西。当然，人们经常抱怨历史遗留的不规则现象，但偶尔试图修正这些不规则现象的努力在大多数情况下并不十分成功。

肯・汤普森原作的模式搜索程序 grep 启发了我们对“工具”而非仅止于“程序”的思考，堪称典范。肯在 2019 年谈及 grep 时说：

> “我写了这个工具，但没有把它放在中央程序库里，因为我不想让人以为我专横独断。
>
> “道格・麦基尔罗伊说，‘如果能在文件中寻找东西，那

该多好。’我说，‘让我琢磨一晚上。’第二天早上，我给他看了我之前写的程序。他说，‘这正是我想要的。’

“从那时起，grep 就变得既是名词又是动词，它甚至被 OED[①] 收录了。最难的是给它命名，最初名叫‘s’，代表搜索（search）。”

grep 这个名字来自 ed 文本编辑器中的命令 g/re/p，它列出所有符合正则表达式模式 re 的行，《牛津英语词典》中 grep 的条目（图 4-2）释义正确。（鉴于 OED 已经赐予 grep 合法英语单词之地位，所以我既不使用特殊字体也不大写。）

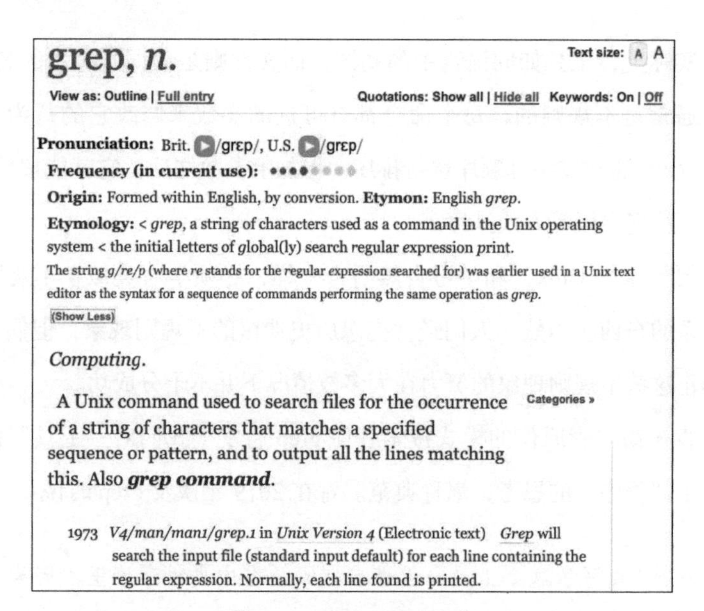
grep, *n.*　Text size: A A

View as: Outline | Full entry　Quotations: Show all | Hide all　Keywords: On | Off

Pronunciation: Brit. /grɛp/, U.S. /grɛp/

Frequency (in current use):

Origin: Formed within English, by conversion. **Etymon:** English *grep*.

Etymology: < *grep*, a string of characters used as a command in the Unix operating system < the initial letters of *g*lobal(ly) search *r*egular *e*xpression *p*rint.

The string *g/re/p* (where *re* stands for the regular expression searched for) was earlier used in a Unix text editor as the syntax for a sequence of commands performing the same operation as *grep*.

(Show Less)

Computing.

A Unix command used to search files for the occurrence of a string of characters that matches a specified sequence or pattern, and to output all the lines matching this. Also ***grep command***.　Categories »

1973 *V4/man/man1/grep.1* in *Unix Version 4* (Electronic text) *Grep* will search the input file (standard input default) for each line containing the regular expression. Normally, each line found is printed.

图4-2　OED中的grep词条

① 即下一段提到的《牛津英语词典》（*Oxford English Dictionary*）。——译者注

我个人最喜欢的grep往事是，1972年的一天，实验室有人给我打电话说：

> “我注意到，把我的新袖珍计算器倒过来拿时，有些数字看起来会变成字母，如3变成E，7变成L。我知道你们的计算机上有一本字典。你们有没有办法告诉我，当我把计算器倒着拿的时候，可以在计算器上造出哪些词？”

图4-3展示了他看到的情形。

图4-3 计算器屏幕上的BEHILOS字符

身在科研部门，能帮上真正遇到实际问题的人，感觉不错。于是，我问他倒着拿计算器能打出什么字母，他说“BEHILOS[①]”。我转身来到键盘前，输入以下命令：

```
grep '^[behilos]*$' /usr/dict/web2
```

文件/usr/dict/web2列出了*Webster's Second International Dictionary*[②]（韦氏国际词典（第2版））收录的单词——234 936个单词，每行一个——单引号之间的神秘字符串是一个正则表达式，或谓模式。在本例中，它指定了只包含这7个字母的任意组合的行，而不包含其他内容。

① 英文中BEHILOS是一组字符的列表，用作单词时仅见于姓氏，不是一个常用词，此处不做翻译。——译者注

② 作者大概是指1934年出版的*Webster's New International Dictionary* (*Second Edition*)，这本词典也被叫作*Webster's Second International Dictionary*。——译者注

结果得到了 263 个单词的惊人列表，如图 4-4 所示。我的母语是英语，但词表中有相当多单词我从未见过。无论如何，我把它们打印出来，寄给了那个家伙。我想他一定很满意，因为他没再找我。我体验了一次绝妙的经历，而且 grep 等工具和正则表达式之类概念的价值也被精彩地展示出来了。

b	be	bebless	beboss	bee	beeish	beelol
bees	bel	belee	belibel	belie	bell	belle
bes	besee	beshell	besoil	bib	bibb	bibble
bibi	bibless	bilbie	bilbo	bile	bilio	bill
bilo	bilobe	bilsh	bios	biose	biosis	bis
bleb	blee	bleo	bless	blibe	bliss	blissless
blo	blob	bo	bob	bobbish	bobble	bobo
boho	boil	bole	bolis	boll	bolo	boo
boob	boohoo	bool	boose	bose	bosh	boss
e	ebb	eboe	eel	eelbob	eh	el
elb	ell	elle	els	else	es	ess
h	he	heel	heelless	hei	heii	helbeh
hele	helio	heliosis	hell	hellhole	hellish	hello
heloe	helosis	hi	hie	hill	his	hish
hiss	ho	hob	hobbil	hobble	hobo	hoe
hoi	hoise	hole	holeless	holl	hollo	hoose
hoosh	hose	hosel	hoseless	i	ibis	ibisbill
ie	ihi	ill	illess	illish	io	is
isle	isleless	iso	isohel	issei	l	lee
lees	lei	less	lessee	li	libel	libelee
lie	liesh	lile	lill	lis	lish	lisle
liss	lo	lob	lobbish	lobe	lobeless	lobo
lobose	loess	loll	loo	loose	loosish	lose
losel	losh	loss	lossless	o	obe	obese
obi	oboe	obol	obole	obsess	oe	oes
oh	ohelo	oho	oii	oil	oilhole	oilless
oleo	oleose	olio	os	ose	osse	s
se	see	seel	seesee	seise	sele	sell
sellie	sess	sessile	sh	she	shee	shell
shi	shiel	shies	shih	shill	shilloo	shish
sho	shoe	shoebill	shoeless	shole	shoo	shooi
shool	si	sib	sie	sil	sile	sill
silo	siol	sis	sise	sisel	sish	sisi
siss	sissoo	slee	slish	slob	sloe	sloo
sloosh	slosh	so	sob	soboles	soe	soh
soho	soil	soilless	sol	sole	soleil	soleless
soles	soli	solio	solo	sool	sooloos	sosh
soso	sosoish	soss	sossle			

图 4-4　试试在倒拿的计算器上显示以上单词

随着时间的推移，grep 这个词被用作名词、动词和动名词（grepping），并成为 Unix 社区日常用语。你有没有在你的公寓里翻找（grep）过你的车钥匙？有些保险杠贴纸和 T 恤衫上写着“Reach out and grep someone”（伸手搜检他人），这是对 AT&T 广告语“reach out and touch someone[①]”（伸手触碰他人）的戏仿。

诺贝尔奖得主阿尔诺·彭齐亚斯是研究中心副总裁，高我三级。有一天他打电话问我，他想在公开演讲中使用这个短语，不知是否妥当。

4.6　正则表达式

前文写到“正则表达式”时，没有详细解释。正则表达式是一种用于指定文本模式的符号。它可以是单词，如 expression；可以是短语，如 regular expression；也可以是更复杂的文本。实际上，正则表达式就是一种描述文本模式的小型语言。单词或短语本身就是正则表达式，它在文本中代表自己，正则表达式识别器会找到它出现的每处地方。

正则表达式还可以通过赋予某些字符特殊含义来指定更复杂的模式，这些字符称为元字符（metacharacter）。例如，在使用 grep 时，元字符“.”匹配任意单个字符，而元字符“*”匹配前一个

① 1979 年，爱尔广告（Ayer）公司为 AT&T 制作的电视广告片中的主题语，也是广告歌中的一句。这句主题语一直沿用到 20 世纪 80 年代，在多则 AT&T 电视广告中出现。——译者注

字符的任意数量的重复，因此模式“.*”匹配括号中的任意字符序列。

Unix 对正则表达式的“痴恋”由来已久，正则表达式遍布于文本编辑器、grep 及其衍生工具以及许多其他语言和工具中。正则表达式略加变形之后，也被用于文件名模式，如前文提到的匹配一组文件名的 shell“通配符”。

肯・汤普森在 Multics 以及稍后 GE 635（我第一次遇到正则表达式的地方）上的 QED 编辑器中采用了正则表达式。肯发明了一种非常快的算法，能够快速处理复杂的表达式。该算法还获得了专利。QED 的功能足够强大，原则上可以只用编辑器命令编写任何程序（尽管没有哪个正常人会这样做）。我甚至写过一篇关于 QED 编程的教程，这事在很大程度上是白费力气，但从那以后我就开始写这类文档了。

对于大多数任务而言，QED 都过于强悍了。肯和丹尼斯是 Unix `ed` 文本编辑器的原作者，后来又有几个人加以修改（甚至包括我）。`ed` 比 QED 简单得多，但它也支持正则表达式。grep 源自 `ed`，所以它的正则表达式用法和 `ed` 中的一样。

文件名通配符使用正则表达式的变体风格。虽然通配符由 shell 解释，但由于 PDP-7 上的主存储器非常有限，所以最早的实现方式是由 shell 调用名为 `glob`（代表“global”，意为“全局”）的独立程序。从模式中生成文件名扩展列表的操作被称为“globbing”。`glob` 这个名字如今在 Python 等几种编程语言的库中仍然存在。

阿尔・阿霍对 Unix 的早期贡献之一是扩展了 grep，让它能支持更丰富的正则表达式，例如可以搜索像 `this|that` 这样的替代模式。阿

尔把这个程序称为 egrep，表示“extended grep”（意为“扩展 grep”）。

关于 egrep，值得多说几句。它是理论结合实践的范例，也体现了 1127 中心成员之间的典型互动，正是这些结合与互动成就了如此之好的软件。这个故事来自道格·麦基尔罗伊：

> “在与霍普克罗夫特（Hopcroft）[①] 及厄尔曼（Ullman）[②] 合著的《计算机算法的设计与分析》（*The Design and Analysis of Computer Algorithms*）一书中，阿尔·阿霍为某个算法写了个例程，那正是 egrep 的第一个实现。我立即在一个日历程序里用上了。该程序使用自动生成的巨大正则表达式来识别五花八门的日期模式，如 today、tomorrow、until the next business day 等。
>
> “令阿尔懊恼的是，识别器得花 30 秒左右的时间才能编译出来，运行起来反倒疾如闪电。
>
> “他提出了一套绝妙的策略，即在需要用到时，才生成识别器，而不是预先全部生成。因此，虽然存在指数量级的状态，但每次只构造极少部分。这带来了巨大的变化：在实践中，无论处理多么复杂的模式，egrep 总是跑得很快。egrep 技术卓越，但除非你知道标准方法的性能有多差，否则就会视若无睹。”

这是个常见的 Unix 故事：来自真实用户的真实问题，对相关理论

---

① John Hopcroft。——译者注
② Jeffrey Ullman。——译者注

的深入了解，有效的工程使理论在实践中很好地发挥作用，以及不断改进。这一切都得益于团队中广泛的专业知识、开放的环境和尝试新想法的文化。

4.7 C语言

新编程语言一直是 Unix 的重要组成部分。

Multics 尝试用高级语言 PL/I 来编写操作系统，这是其一大贡献。IBM 于 1964 年创建 PL/I，意图融合 Fortran、COBOL 和 ALGOL 的全部优点。结果 PL/I 成了第二系统效应的范例。对大多数程序员来说，这种语言太庞大、太复杂，难以编译，而且在 Multics 上能工作的编译器也没能按时交付。道格 · 麦基尔罗伊和道格 · 伊斯特伍德（Doug Eastwood）临时救急，创造了在 Multics 上使用的 PL/I 简化子集，称为 EPL（“Early PL/I”，早期 PL/I），但 EPL 仍然是一种复杂的语言。

BCPL（Basic Combined Programming Language，基本组合编程语言）是另一种用于系统级编程的语言。它由剑桥大学教授马丁 · 理查兹（Martin Richards）设计。理查兹 1967 年访问麻省理工学院时为它写了编译器。BCPL 比 PL/I 的任何分支版本都简单得多，很适合编写操作系统代码。贝尔实验室 Multics 开发组成员们非常熟悉 BCPL。

贝尔实验室退出 Multics 项目后，肯 · 汤普森认为，“没有 Fortran，计算机就不完整”，于是他着手为 PDP-7 编写 Fortran 编译器。事实证明这太艰难了，因为 PDP-7 Unix 只有 4K 个 18 位字长（8 KB）的主存储器供编译器等用户程序使用。

肯不断重新设计，最终打造出满足 PDP-7 条件限制的语言。这种语言更接近于 BCPL 而不是 Fortran，肯叫它 B 语言。1993 年，丹尼斯·里奇在“The Development of the C Language”（C 语言的开发）中阐述道：

> “可以将 B 语言看作没有类型的 C 语言。更准确地说，它是压缩到 8 KB 内存中、再经汤普森的大脑过滤的 BCPL。它的名字看上去比较像是 BCPL 的缩写。不过也有另一种说法，认为它来源于与 B 语言毫无相关的 Bon 语言，一种由汤普森在 Multics 时期创造的语言。Bon 语言则要么是以他的妻子邦妮的名字命名，要么是（根据其手册中引用的一段百科全书）以某个宗教的名字命名。”

到目前为止，我们故事中的计算机都以字为操作单位，而不是以字节为操作单位。也就是说，它们的操作针对明显大于单个字节的块状信息。IBM 7090 和类似的计算机，如 GE 系列，天然只能以 36 位（大约 4 字节）的块为单位来操纵信息；PDP-7 的块单位是 18 位（大约 2 字节）。面向字的计算机在单独或按顺序处理字节时很笨拙：程序员必须使用库函数或通过特别的编程技巧来访问装在较大块中的单个字节。

相比之下，PDP-11 以字节为操作单位：它主存储器的基本单位是 8 位字节，而不是早期计算机的 18 位或 36 位字长。它也可以处理较大块的信息，如 16 位和 32 位整数以及 16 位地址。

B 语言很适合 PDP-7 这样以字为操作单位的计算机，但不适合 PDP-11 这样以字节为操作单位的计算机，所以，PDP-11 到货后，丹尼斯开始针对新的架构对 B 语言进行增强，并为其编写编译器。新的语言被称为“NB”，即“New B”（意为“新 B 语言”），最后发展成了 C 语言。

B 语言与 C 语言主要区别之一是，B 语言无类型，而 C 语言则支持与 PDP-11 提供的数据类型相匹配的数据类型：1 字节、2 字节的整数，以及 4 字节或 8 字节的浮点数。在 BCPL 和 B 这样的语言中，指针（内存地址）和整数被同等看待。此前多年以来程序员们将它们当作相同大小的数据来处理，这样做不算明智，而 C 语言则正式将它们区别对待。

C 语言支持对类型指针的算术运算，这是对编程语言的新颖贡献。指针是内存地址的值，标记主存储器中的某个位置。指针的类型即它指向对象的类型。在 C 语言中，如果该位置对应的是该特定类型对象的数组中的一个元素，那么，在指针上加 1 就会得到数组中下一个元素的地址。虽然乱用指针是破坏代码的“要诀”，但指针运算契合自然，正确使用的话，效果很好。

之前一段时间，人们已经清楚地认识到，Unix 应该从汇编语言转换为更高层级的语言，而 C 语言正是上上之选。肯在 1973 年曾 3 次尝试用 C 语言编写内核，但直到丹尼斯在语言中加入了定义和处理嵌套数据结构的机制（`struct`）才得以实现。那时候，C 语言已经有足够的表现力来编写操作系统代码，Unix 也就成了主要用 C 语言编写的程序。第 6 版内核有大约 9 000 行 C 语言代码和大约 700 行汇编语言代码。汇编代码用于设置寄存器、设备和内存映射等与特定机型相关的操作。

第一份广泛传播的C语言说明书是《C程序设计语言》（*The C Programing Language*）（图4-5），这本书是我和丹尼斯在1978年出版的，第2版于1988年推出。

图4-5　K&R书第1版的封面，1978年

我只浅尝过B语言。为了自娱，我写了一本教程，帮助别人学习。丹尼斯创造出C语言后，我没花多少工夫就把那本B语言教程修改成了C语言教程。事实证明，C语言教程很受欢迎。随着Unix和C语言的传播，我觉得值得专门写一本关于C语言的书。我不假思索就去问丹尼斯是否愿意一起写。一开始他可能不太情愿，但我百般游说，最终他同意了。邀请丹尼斯一起写这本书是我在技术生涯中做过的最聪明或者说最幸运的事情——因为丹尼斯是合著者的缘故，该书尤显权威，而且我也就能在书里引用他的参考手册了。

我写了大部分教程章节的初稿，丹尼斯写了系统调用那章，当然他也提供了参考手册。我们互相帮忙审订，成品融合了两个人的写作风格，但参考手册几乎完全保持原状，充分体现了丹尼斯的写作风格。如比尔·普劳格所言，丹尼斯描述C语言时，“一针见血”。参考手册就像C语言本身一样：精准、优雅、紧凑。

1989 年，ANSI 和 ISO 完成了第一份 C 语言正式标准。这份标准对语言的描述直接基于丹尼斯的参考手册。丹尼斯在标准制定的早期阶段就介入了。作为 C 语言的创造者，他的意见举足轻重，足以否决个别太过糟糕的提案。

C 语言很重要，但它对标准库的使用也很重要。标准库为程序员提供了进行格式化输入和输出、字符串处理和数学函数等操作所需的基础能力。C 语言自带规模适中的函数库，这样程序员在编写新程序时就不需要重新发明每个例程。

其中，最大的库组件提供了格式化输出能力。今天，C 语言的 `printf` 函数已经为许多其他语言所采用，每位程序员都对它耳熟能详。迈克尔·莱斯克的可移植 I/O 包写于 1972 年，目的是让程序能够很容易地移植到 Unix，或从 Unix 移植到其他系统。它包含了 `printf` 的首个版本，以及用于解析格式化输入的 `scanf`。这些程序包经过重新设计，放到了 C 语言编译器中。

虽然 `printf` 和 `scanf` 后来做了扩展，但核心转换功能和 70 年代初没有区别，库中的大部分其他函数也能正常工作。今天，标准库和语言规格说明本身一样，都是 C 语言标准的一部分。

将 C 语言与其他语言进行对比很有意思。例如，在 Fortran 和 Pascal 中，输入和输出是语言的一部分，有特殊的语法来读写数据。其他一些语言不包含输入或输出，同时也不提供标准库，这可能是最不令人满意的选择。

C 语言一直非常成功，是有史以来使用最广泛的语言之一。虽然它最初在 PDP-11 Unix 上诞生，但已经传播到了差不多每一款计算机上。

正如丹尼斯在1993年提交到第二届编程语言史（History of Programming Languages）大会的论文中所说：

> “C语言既古怪又有缺点，却获得了巨大的成功。虽然历史上的意外事件肯定有帮助，但C语言显然满足了人们对一种系统实现语言的需求，这种语言需要足够高效，足以取代汇编语言，但又足够抽象和流畅，足以描述各种环境下的算法和交互。”

当然，编程语言为数甚多，各有各的支持者与抨击者。C语言也会受到批评。然而，它仍然是计算领域的核心语言。在流行度、影响力和重要性的榜单上，它几乎总是名列前两、三位。在我看来，没有任何一种其他语言能在优雅度、表现力、效率和简洁之间做到同样程度的平衡。C语言还启发了许多其他语言的基础语法，其中就有C++、Java、JavaScript、awk和Go。它做出了极具影响力的贡献。

4.8　软件工具和Ratfor

到1975年中至年末，Unix已在各种会议和期刊论文中公开露面，第6版在大约一百所高校和数量有限的商业机构中得到使用。不过，技术界仍主要使用Fortran，运行环境是硬件提供商的操作系统，如IBM的System/360。墨里山的大多数程序员使用GE 635，运行GE的批处理操作系统GECOS（1970年，GE将其计算机业务出售给霍尼韦尔，GECOS更名为GCOS）。

到 1973 年，我已经开始经常使用 C 语言编程，但仍在写 Fortran 代码。虽然 Fortran 用来做数值计算很方便，但几乎没有控制流语句，而且它源自 20 世纪 50 年代的穿孔卡语言，发展空间有限。相比之下，C 语言的控制流程可以说是自然天成。

因此，我写了个简单的编译器，把一种看起来像 C 语言的 Fortran 变种代码翻译成合规的 Fortran 代码。我把它称为 Ratfor，代表“rational Fortran”（意为“理性 Fortran”）。Ratfor 将 C 语言的控制流程，包括 if-else、for、while 和用于分组的括号，转换成 Fortran 的 IF 和 GOTO 语句，以及 DO 循环结构。该预处理器还提供许多便利，如自由格式输入（而不是按照 Fortran 的严格要求，格式化成 80 列卡片式样）和方便的注释方式，摒弃了 Fortran 笨拙的 .LT. 和 .GE. 形式，采用更自然的逻辑和关系运算符，如 < 和 >=。

以第 1 章的 Fortran 程序为例，它可以用 Ratfor 编写成这个样子：

```
# make v an identity matrix
do i = 1, n
   do j = 1, n
      if (i == j)
         v(i,j) = 1.0
      else
         v(i,j) = 0.0
```

Ratfor 是第一个以 C 语言为基础语法的语言。要我说的话，用 Ratfor 编写 Fortran 代码，比编写标准 Fortran 代码愉快得多。Ratfor 并未改变 Fortran 的语义或数据类型——例如，它不具备处理字符的功能——但在用到 Fortran 的任何地方，改用 Ratfor 都是更佳选择。有了自由形式的输入和类似于C语言的控制流程，用Ratfor写代码感觉就像用C语言写代码一样。

布伦达·贝克（Brenda Baker）写了一个名为`struct`的程序，它能将任意Fortran程序翻译成Ratfor程序。布伦达的程序既有理论高度，又是实践力作，它证明了几乎任何Fortran程序都可以拥有良好的结构形式。借助Ratfor，就能以独一无二的最佳方式来呈现它。使用`struct`的人发现，Ratfor版本几乎总是比他们最初编写的Fortran代码更有条理。

比尔·普劳格和我决定写一本书，向在非Unix系统上编写Fortran的程序员传播Unix工具理念，这个群体受众面更广。我们合写的*Software Tools*（软件工具）一书于1976年出版，书中介绍了标准Unix工具的Ratfor版本：文件比较、单词计数、grep、类似`ed`的编辑器、类似roff的文本格式化器，以及Ratfor预处理器本身，所有这些都是用Ratfor编写的。

时机刚刚好。书卖得还不错，软件工具用户组（Software Tools User Group）应运而生。用户组由劳伦斯伯克利实验室（Lawrence Berkeley Labs）的戴比·谢勒（Debbie Scherrer）、丹尼斯·霍尔（Dennis Hall）和乔·斯文泰克（Joe Sventek）牵头组建。他们打磨和改进程序，添加自己的新工具，发布代码，组织会议交流，如此顺畅运行多年。他们的代码被移植到50多个操作系统上。用户组于20世纪80年代末解散，在此之前一直很活跃，颇具影响力。

1981年，比尔和我出版了这本工具书的Pascal版本。当时Pascal作为一种教学语言在高校里很受欢迎。Pascal有很好的特性，包括合理的控制流。

遗憾的是，它也有一些不太好的特性，如笨拙的输入和输出方式和几乎无法使用的字符串，我在一篇题为 “Why Pascal is Not My Favorite Programming Language”（为什么 Pascal 不是我最喜欢的编程语言）的文章中讨论了这些特性。我把这篇文章投给一本杂志，但被拒稿了，因为这话题太有争议，内容也不够充实。它从未被正式发表过，但尽管如此，还是出人意料地经常被引用。

无论如何，随着 C 语言和 Unix 的普及，Pascal 的严重局限性使其越来越不受欢迎，所以 *Software Tools in Pascal* 读者甚少。事后看来，无论从短期还是从长期而言，如果我们当年写一本 C 语言版的 *Software Tools* 的话，其影响都会大得多。

4.9　道格 · 麦基尔罗伊小传

罗布 · 派克称道格 · 麦基尔罗伊为 “Unix 的无名英雄”，我同意这个说法。肯 · 汤普森说道格比其他人都聪明，这似乎也对，不过道格自己说：“最好让别人来评价我的聪明程度，但我知道 BTL 有许多数学家比我聪明得多。” 可以说，实验室里有很多优秀人士，常有人认为自己不过是 “暴得大名”。想要力争上游，就得紧追不舍。

不管孰对孰错，没有道格的好品味和他对技术问题与人的准确判断，Unix 可能根本不会存在，当然也不会如此成功。

道格 1954 年在康奈尔大学获得物理学本科学位，1959 年在麻省理工学院获得应用数学博士学位。他曾在贝尔实验室工作过一个夏天，后于1958年全职加入，并于1965年成为计算技术研究部门的负责人——比我第一次见到他早两年。如前所述，1967年夏天我在道格的部门做实习生，名义上是研究他提出的存储分配器问题，实际上是做自己的事情。作为管理者，他有许多好品质，其中之一就是他根本不为这类情况烦心。

前文已经介绍过道格早期在PL/I和EPL上的语言方面工作。Unix一经问世，他就写出各种各样的基础软件。他写的存储分配器`malloc`用了很多年。他对分配器的研究影响深远。他还写了一堆Unix命令；他达特茅斯学院的网页上列出了`spell`、`diff`、`sort`、`join`、`graph`、`speak`、`tr`、`tsort`、`calendar`、`echo`和`tee`。

其中有些是小工具，如`echo`；而有些是大工具，如`sort`和`diff`。但大多数都是Unix计算的核心工具，其中很多沿用至今。当然管道也来自他的构想，不过最终版本采用了肯的语法。管道之所以能出现，全拜道格不遗余力地游说所赐。

他写的`spell`版本[①]有效地利用字典和启发式方法来拆分单词，耗费些微资源即可找出拼写错误。

道格版本的`diff`程序实现了哈罗德·斯通（Harold Stone）和汤姆·希曼斯基（Tom Szymanski）发明的高效算法，用于比较两个文本文件，尽可能少地修改其中之一，将其转换成另一个文件。这段代码是管理多个版本文件的源代码控制系统的核心。这类系统最常见的工作方

① S.C. 约翰逊（S. C. Johnson）于1975年为Unix 7编写了**spell**程序。该程序思路是，遍历检查对象中的每个单词，看它们有没有在词典中出现过，如果没出现，就判断为错误拼写。道格改进了**spell**程序，采用前缀+词根+后缀的分拆方式，极大地降低了查找工作量。——译者注

式是存储单个版本和一组差异数据（diff），通过运行 diff 算法生成其他版本。它也被用在更新程序的补丁机制中——不发送整个新版本，而是发送一连串由 diff 程序算出的 ed 编辑命令，将旧版本转换成新版本。

diff 程序是说明好理论如何与好实践工程相结合，打造出基本工具的又一范例。人可以读懂 diff 产生的输出，程序也可以读懂。如果输出格式只面向人或只面向机器，有用程度就远远不足了。它示范了程序如何写程序，并且输出漂亮的小语言。

Unix 还处于相当早期时，1127 中心添置了一台新奇的设备：Votrax 语音合成器，它可以将音位[①]转化为声音。道格创建了一套规则，用于将任意英文文本转换为音位。他还写了名为 speak 的程序，使用该规则生成 Votrax 可以接受的输入内容。当然，英语拼写是出了名的不规则，所以 speak 的输出常常并不完美，有时还很滑稽（我的名字被读成“Br-I-an Kern-I-an”），但几乎总是足够准确，确实很实用。

该程序就是个 Unix 命令，谁都能用，无须预约。向 speak 发送文本，Unix 房间里装的一个大喇叭就会播出来。各种奇怪服务层出不穷。例如，每天下午 1 点，Votrax 都会说：

> “午餐时间，午餐时间，午餐时间。美味，美味，美味。”

提醒大家，1 点 15 分食堂就会关门，该去吃饭了。

还有一种服务是监测来电，当有电话打过来时，铃声不响，喇叭

---

① 音位（phoneme）是人类语言中能够区别意义的最小声音单位，又译“音素”。——译者注

宣布：

> “有电话找道格。”

或者是找其他人。在共享办公空间里，这比经常响起的电话铃少让人分心许多。

道格的兴趣广泛而深入。他精通地图投影，这是一种专门的数学形式。他的 map 程序提供了几十种投影方法。直到今天，他还在制作新投影，印在寄给朋友的圣诞贺卡上和展示在他的达特茅斯学院网页上。

道格是优秀的技术评论家，经常率先尝试新程序或新想法。他会尽早上手。他品位很高，对什么好、什么需要修正的意见非常宝贵。到他办公室来咨询的人络绎不绝，希望他对各种想法、算法、程序、文档——包罗万象——提出意见和批评。本贾尼·斯特劳斯特鲁普经常来找我讨论 C++，阐述一些新想法，然后沿着走廊到几道门以外道格的办公室，认真听取他对语言设计的反馈意见。

道格通常是论文或手册草稿的第一位读者，他巧妙地戳破修辞气球，删繁就简，剔除不必要的副词。一般来说，他还会收拾残局，使之完善。在迈克·马奥尼的 Unix 口述史（1989）中，阿尔·阿霍评价道格说：

> “他从只言片语中就能了解我所做的一切。基本上也是他教会我写作。我认为他是我所知道的最优秀的技术作家之一。他富有语言天赋，善于简洁表达，很了不起。”

道格是我博士学位论文的外审，他帮助我改进了论文的结构和论述。他还阅读了我与实验室其他人合著的所有书籍的多份草稿，而且总能把它们改得更好。他完善和打磨了 Unix 命令手册，整理和组织了 Unix 第 8 版到第 10 版的手册内容。他不惜耽误自己的研究，热情又细心地做了这一切。

道格于 1986 年辞去管理职务，1997 年从实验室退休，前往达特茅斯任教。图 4-6 所示为 2011 年庆祝肯和丹尼斯获得日本奖时在墨里山贝尔实验室拍摄的照片。

图4-6　道格・麦基尔罗伊和丹尼斯・里奇，2011年5月（维基百科）

第5章　第7版（1976—1979）

“正是从第7版开始，系统才逐渐成熟，走出了象牙塔。第7版是第一个可移植版本，Unix从此核爆炸般地移植到了无数类型硬件上。因此，第7版的历史是所有Unix系统共同传承的一部分。”

——道格·麦基尔罗伊，《科研版Unix读本》

（*A Research Unix Reader: Annotated Excerpts from the Programmer's Manual*[①]），1986年

第6版Unix的各种内置工具让编程变得有趣而高效，非常适宜用来开发软件。有些工具在第6版之前就已到位，而其他工具则后来才出现。在本章中，我们将看到，第6版发布后将近4年，1127中心软件开发的几条线索在1979年1月发布的第7版中达到了高潮。

从逻辑和时间顺序上来说，部分内容应该放到下一章。下一章将讲述Unix在1127中心之外的传播。但如果我先讲第7版，故事似乎更有延续性。正如前文引述道格·麦基尔罗伊的评价，所有Unix系统共享

① Research Unix是指早期运行于DEC PDP-7、PDP-11、VAX以及Interdata 7/32与8/32计算机上的Unix版本，因Unix出自贝尔实验室的计算科学研究中心而得名。麦基尔罗伊编纂的这份文件，从9个版本的Unix程序员手册中摘选内容，展示了Unix的早期发展历程。——译者注

的大部分传承来源于第 7 版。

Unix 推动了好几种有影响力的语言的传播，本章内容也将紧贴这个主题。这些语言中，有些针对传统编程，有些用于特别目的或特定领域，还有一些是声明式规格说明语言（declarative specification languages）。我可能会花更多笔墨来讨论这个话题，虽然很多读者可能不太关心，但这是我多年以来的兴趣所在。我会尽量在每一节的开头部分讨论重要话题，这样你就可以略过后面部分。

另外值得注意的是，在 Unix 的初期，第 6 版是严格意义上的 PDP-11 操作系统。到了 1979 年，第 7 版发展为可移植的操作系统，它能够在起码 4 种处理器上运行，其中 DEC VAX-11/780 最为普遍。关于可移植性，下一章会有更多内容。最重要的是要看到，Unix 悄悄地从 PDP-11 系统演化成了相对独立于特定硬件的系统。

5.1　伯恩的 shell

利用第 6 版 shell 中的 I/O 重定向和管道，很容易就能将程序组合起来做一些任务，最初的做法是输入一连串命令，将它们汇集在一个文件（shell 脚本）中，这样就可以作为单条命令来执行了。

第 6 版 shell 提供了用于按条件执行命令的 if 语句，用于跳转到脚本文件另一行的 goto 语句，还有在脚本中标记出某一行的方法（“:” 命令，什么都不做），带这个标记的行可以作为跳转执行目标。有了这些命令，就能实现循环操作，所以原则上第 6 版 shell 可以用来写复杂的脚本。然而，在实践中，这些机制既笨拙又脆弱。

正如我在下一章中会提到的那样，程序员工作台（Programmer's Workbench，PWB①）小组的成员约翰·马希往第6版shell中增加了一些自定义功能，使其更适合编程。这些功能包括：用于测试条件的if-then-else语句，用于循环的while语句，以及用于在shell文件中存储信息的变量。

1976年，刚刚加入1127中心的史蒂夫·伯恩（Steve Bourne）编写了一个新shell。它融合PWB shell的功能，同时还有其他重大改进。他的目标是保留现有shell易于交互的优点，同时也使其成为一种完全可编程的脚本语言。史蒂夫的shell提供了控制流结构，包括if-then-else、while、for和case。它还支持变量，其中一些变量由shell定义，另一些变量则可以由用户定义。引用机制②也得到了加强。最后，我们把它改得像其他程序一样能够成为管道执行流程中的过滤器。结果，伯恩的shell程序（被简称为`sh`）很快取代了第6版shell。

新shell的控制流语法基于史蒂夫喜欢的ALGOL 68语言，但1127中心并没有很多人喜欢ALGOL 68。例如，ALGOL 68使用单词的字符反转形式作为终止符，如`fi`终止`if`，`esac`终止`case`。但由于`od`已被占用（八进制转储命令），所以`do`的终止符是`done`。

```
for i in $* loop over all arguments
do
  if grep something $i
  then
```

① PWB是贝尔实验室的Unix版本项目，目标是为较大规模开发团队打造分时工作环境，使之能够在大型计算机上协同工作。——译者注

② 即在Unix中使用反斜杠使*、?、[、]、'、"、\、$、;、&等特殊字符被当作普通字符处理的机制。——译者注

```
    echo found something in $i
  else
    echo something not found in $i
  fi
done
```

`if` 和 `while` 语句用程序返回的状态作为判断条件，也就是程序可以借返回数值来汇报执行情况，如程序是否正常工作。这种处理方式当时还很罕见，所以大多数程序的返回值都轻率随意。史蒂夫安排 shell 在每次程序没有返回合理状态时输出一条恼人的消息。程序自动“话痨”持续一周之后，大多数程序都升级了，开始返回有意义的状态值。

史蒂夫的 shell 还大大丰富了 I/O 重定向功能。第 6 版 shell 手册的“缺陷”一节上说“无法重定向诊断性输出”。史蒂夫的 shell 将标准错误流（默认情况下是文件描述符 2）和标准输出（文件描述符 1）分开，这样脚本的输出就可以直接指向一个文件，而错误信息则去了别的地方，通常是终端。这个新特性特别有用。

```
prog >file              # stdout to file, stderr to terminal
prog 2>err              # stdout to terminal, stderr to err
prog 1>file 2>err       # stdout to file, stderr to err
prog >file 2>&1         # merge stderr with stdout
```

至此，shell 已经成为真正的编程语言，适用于编写几乎所有可以合理地梳理为命令序列的东西。它经常能很好地完成这个任务，以至于不再需要编写 C 语言程序。

在之后的多年里，更多的功能被添加进来，Bash（Bourne Again Shell 的简写，意为“伯恩再来 shell”）已经成为大多数 Linux 和 macOS

用户事实上的标准 shell。虽然个人用的 shell 脚本往往小而简单，但编译器之类主要工具的源代码分发时往往附带 2 万行或更多的配置脚本。这些脚本运行程序来测试环境属性，例如，库是否存在和数据类型的大小，因此它们可以编译出经过调整的版本，去适应特定的系统。

5.2 Yacc，Lex，Make

我们使用语言进行交流，更好的语言可以帮助我们更有效地进行交流。对于用来与计算机交流的人工语言来说，尤其如此。我们希望只说一句“干吧”，计算机就能照办。但为了完成某些工作，我们却只能不厌其烦地说明细节。优秀的编程语言能降低人类与计算机沟通的成本。计算机领域的大量研究都关乎如何创造富有表达能力的语言。

第 7 版 Unix 提供了多种基于语言的工具，其中一些相当新颖。可以说，如果没有 Yacc 等工具让非专家也能很容易地创造新语言，这些语言中的大多数都不会存在。本节将介绍语言构建工具。总的来说，Unix 工具促进了新语言的创造，从而带来了与计算机交流的更好方式。读者可以放心地跳过细节描述，但领会工具促进语言的概念很重要。

计算机语言的特点主要有两个方面，语法和语义。语法规定了语言是怎样的，什么符合语法，什么不符合语法。语法还定义了语句和函数如何写，算术和逻辑运算符是什么，它们如何组合成表达式，什么名称是合规的，哪些词是保留字，文本字符串和数字如何表达，程序如何格式化等规则。

语义是指合规语法被赋予的意义：合乎语法的构造的含义或作用是

什么。对于第2章中的面积计算程序：

```
void main() {
    float length, width, area;
    scanf("%f %f", &length, &width);
    area = length * width;
    printf("area = %f\n", area);
}
```

其语义是，当调用函数 main 时，它会调用函数 scanf，从标准输入中读取两个数据，计算面积，并调用 printf 输出 area =、计算出的面积和换行符（\n）。

编译器是一种程序，它能将用一种语言编写的东西翻译成另一种语言中语义等同的东西。例如，像C和Fortran之类高级语言的编译器可能会将代码翻译成特定类型计算机的汇编语言；一些编译器将其他语言的代码翻译过来，例如将Ratfor代码翻译成Fortran代码。

编译过程的第一环节是对程序进行解析（parse），即通过识别名称、常量、函数定义、控制流、表达式等来确定程序的语法结构，以便在后续处理过程中附加合适的语义。

今天，为编程语言编写语法分析器的技术已相当成熟。但在20世纪70年代早期，它仍是活跃的研究领域，专注于创建程序，将一门语言的语法规则转换为该门语言的高效语法分析器。这种语法分析器生成程序也被称为“编译器-编译器”（compiler-compiler），因为有了它，就能为编译器自动生成语法分析器。编译器-编译器通常会生成语法分析器，还提供在解析过程中遇到特定语法结构时执行代码的能力。

1. Yacc

1973年，史蒂夫·约翰逊（图5-1）借鉴阿尔·阿霍的语言理论，创建了编译器-编译器YACC（下文写作Yacc）。这个名字源于杰夫·厄尔曼的评论意见，它代表“yet another compiler-compiler”（意为“又一个编译器-编译器”），说明它并不是第一个这种程序。

图5-1　史蒂夫·约翰逊，约1981年（杰勒德·霍尔兹曼供图）

Yacc程序由语言的语法规则和附加在规则上的语义操作组成，在解析过程中检测到特定的语法结构时，程序执行相应的语义操作。例如，使用Yacc伪代码，算术表达式的部分语法可能是：

```
expression := expression + expression
expression := expression * expression
```

相应的语义操作大概是生成代码，将两个表达式的结果相加或相乘，得到结果。Yacc将这条规则转换为C语言程序，接受和解析输入，执行语义操作。

乘法比加法具有更高的优先级（乘法在加法之前完成），通常编译器作者需要编写更复杂的规则来处理这类情况，但在Yacc中，运算符的优先级和关联性可以单独声明，而不必通过额外语法规则来指定，这对于非专业用户来说大大简化了。

史蒂夫本人使用Yacc创建了一个新的“可移植C语言编译器”

（portable C compiler，PCC），该编译器有用于解析语言的共用前端和用于生成不同计算机体系架构代码的独立后端。如 6.5 节所述，史蒂夫和丹尼斯在为 Interdata 8/32 实现 Unix 时使用了 PCC。

PCC 也有其他用户。史蒂夫回忆说：

> “PCC 有个意想不到的副产品：Lint 程序。它读取程序，标出不可移植或有错的地方，如调用函数时搞错参数数量、使用了与定义不一致的长度等。由于 C 语言编译器每次只能处理单个源文件，所以 Lint 很快就成为编写多文件程序时的有用工具。我们将第 7 版改写为可移植版本时，Lint 也有助于强制执行标准，如寻找错误返回为 -1（第 6 版）而不是 null（第 7 版）的系统调用。许多检查，甚至是可移植性检查，最终都为 C 语言所吸收。Lint 是新功能的有用测试平台。”

Lint 这个名字来自从衣服上捡拾绒毛（lint）的情景。虽然其功能已多被纳入 C 语言编译器，但其概念体现到了其他语言的类似工具中。

图 5-2　乔恩·本特利，约 1981 年

（杰勒德·霍尔兹曼供图）

在之后的多年里，Yacc 在 1127 中心开发的几种语言中发挥了重要作用，其中一些语言将在接下来的几节中介绍。洛琳达·彻丽和我将它用于数学排版语言 Eqn。在之后的多年里，我还将 Yacc 用于文档编制预处理器 Pic 和 Grap（后者与乔恩·本特利合作，图 5-2），

用于 AMPL 建模语言，用于至少一个版本的 Ratfor，以及其他只短暂存在过的语言。Yacc 还被用在第一个 Fortran 77 编译器 f77、本贾尼·斯特劳斯特鲁普的 C++ 预处理器 `cfront`、awk 脚本语言（稍后介绍）以及其他各种语言。

Yacc 结合了先进的解析技术、极高的效率和方便的用户界面，成为早期语法分析器生成软件中的仅存硕果。今天，除了以完整的独立软件形式出现，它还在其他软件（如由它衍生出来的 Bison）中存在，并且在另外几种编程语言中得以重新实现、继续发挥作用。

2. Lex

1975 年，迈克尔·莱斯克（图 5-3）写出词法分析器生成软件 Lex，它与 Yacc 交相辉映。Lex 程序由一连串的模式（正则表达式）组成，这些模式定义了要识别的“词元”（lexical token）。对于编程语言来说，这些标记是保留字、变量名、运算符、标点符号等元素。与 Yacc 一样，Lex 可以给每个指定标记附加用 C 语言编写的语义操作。由此，Lex 生成 C 语言程序，该程序读取字符流，识别它找到的标记，并执行相关的语义操作。

图5-3　迈克尔·莱斯克，约1981年（杰勒德·霍尔兹曼供图）

迈克[1]写了 Lex 的第 1 版。1976 年夏天，一位刚从普林斯顿大学毕业的实习生很快对它做了修改。迈克回忆说：

> “埃里克·施密特（Eric Schmidt）在暑期实习时几乎重写了 Lex。我之前的版本采用非确定性分析器，无法处理超过 16 个状态的规则。阿尔·阿霍很不爽，给我找了个暑期生来修复。埃里克适逢其会。”

埃里克后来在伯克利分校获得博士学位，并于 2001 年至 2011 年担任谷歌公司首席执行官一职。

Yacc 和 Lex 紧密协同。解析过程中，Yacc 会反复调用 Lex，Lex 每次读取足够多的输入来构造完整词元，并将其传回给 Yacc。Yacc/Lex 组合将编译器的前端组件机械化，能够同时处理复杂的语法和词法结构。例如，有些编程语言的运算符长达两三个字符，如 C 语言中的 ++ 运算符，当词法分析器看到符号 + 的时候，要接着看，才能知道待处理的运算符是 ++ 还是普通的 +。手工写这种代码并不算难，但若有人代劳就尤其方便。使用 Lex，人们只需要写

```
"++" { return PLUSPLUS; }
"+"  { return PLUS; }
```

就能区别开上述两种情形。（PLUS 和 PLUSPLUS 是数学符号的名称，这样 C 语言代码就比较容易处理。）

---

① Mike 是 Michael 的昵称。——译者注

图 5-4 展示了在创建 C 语言程序时如何使用 Yacc 和 Lex。该程序是某种语言的编译器。Yacc 为语法分析器生成一个 C 语言文件，Lex 为词法分析器生成另一个 C 语言文件。这两个 C 语言文件与其他包含语义的 C 语言文件组合在一起，由 C 语言编译器编译成可执行程序。这张图是用 Pic 程序制作的，Pic 的结构也正是如此。

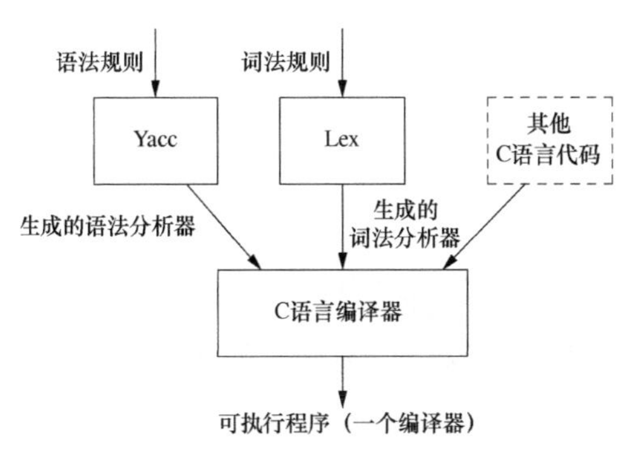

图 5-4　使用 Yacc 和 Lex 创建编译器

尽管 Lex 如此简单而强大，但长期以来，它并没有像 Yacc 那样得到广泛应用。也许这是因为对于相对缺乏经验的程序员来说，为复杂的语言编写语法分析器令人生畏，而编写词法分析器则不然。但是，亲手编写词法分析器，无论看起来多么简单直接，都未必是个好主意。

我在 awk 脚本语言上的经验（本章后文将讨论）可以借鉴。awk 的第 1 版实现使用 Yacc 处理语法，使用 Lex 分解输入内容。然而，当我们试图将 awk 移植到非 Unix 环境时，Lex 要么无法使用，要么虽然能用但生成了错误的词法分析器。几年后，我勉力用 C 语言重写了 awk 的词法部分，这样它就可以移植到所有环境中。但在之后的几年里，那段手工写出来的词法代码产生了许多缺陷和小问题，这些麻烦在 Lex 生成的版本中原本不存在。

这证明了一个普遍规则：程序帮你写的代码会比你自己手写的更正确、更可靠。如果改进了生成器，例如能生成更好的代码，那么每个人都会受益；相反，对手写程序的改进并不能改善其他程序。像 Yacc 和 Lex 这样的工具是这一规则的极好例子，Unix 也提供了许多其他工具。编写程序的程序总是值得尝试。就像道格·麦基尔罗伊所言，"任何你必须重复做的事都有待自动化。"

3. Make

多数大型程序都由多个源文件组成，这些源文件必须被编译并连接在一起，才能创建可执行程序。这通常可以通过执行单个命令来完成，如用 `cc *.c` 来编译一个 C 语言程序的所有源文件。但是，在 20 世纪 70 年代，计算机速度非常慢。在对某个文件进行修改后，重新编译包含多文件的程序，花费的时间可能会以分钟计而非以秒计。更有效率的做法是，只重新编译修改后的文件，并将结果与之前编译的其他文件连接起来。

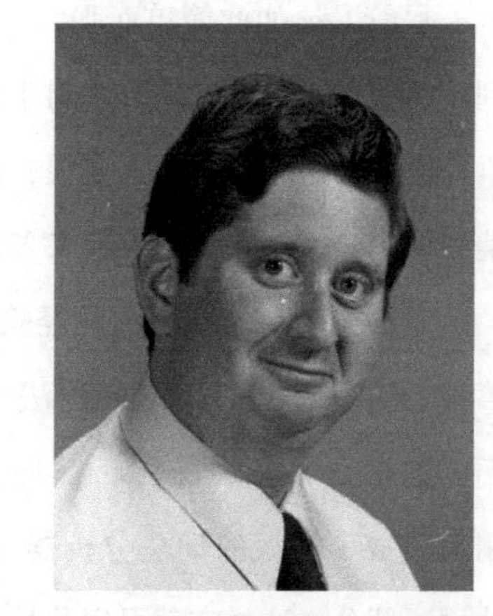

图 5-5　斯图·费尔德曼，约 1981 年（杰勒德·霍尔兹曼供图）

然而，记住哪些文件最近编译过，哪些需要重新编译，是件麻烦事，很容易出错。有一天，史蒂夫·约翰逊向斯图·费尔德曼（图 5-5）诉苦说，在花了几个小时调试无果后，他才意识到，问题出在没重新编译他修改过的一个文件。

凑巧的是，斯图也有同样经历。他也曾白费劲调试过肯定正确只是没重新编译的程序。他想出了妙招：使用某种规格语言来描述程序的各个部分是如何相互依赖的。他写的 Make 程序分析这些规格，并根据文件修改时间来做尽可能少的重新编译，使所有东西都能同步向前。Make 的第 1 版实现是在 1976 年。

> “我在周末写出 Make，然后在下个周末用宏重新写了一遍（因为内置代码列表太长了）。我没有修正 tab-in-column-1[①] 问题，因为很快就有了十几个忠实用户群，我不想惹恼他们。”

Make 一下子就成功了，因为它能避免愚蠢的连接错误，同时尽可能提高编译效率。对于那些不仅仅编译 C 语言，而且涉及更复杂处理的程序来说，它也是福音。例如，使用 Yacc 和 Lex 时，必须先分别运行 Yacc 和 Lex，创建 C 语言文件，然后才进行编译，如图 5-4 所示。makefile 文件记录了编译新版本程序所需的所有处理步骤，也可以描述如何完成相关任务，如运行 Lint、做备份和输出文档。makefile 文件有点像 shell 脚本，但它采用声明式语言：说明依赖关系和如何更新组件，但不会明确检查文件创建时间。

斯图提到的“tab-in-column-1”问题，标新立异又笨拙地限制了 makefile 文件格式。这可以说是设计缺陷，也说明成功程序都会面临的

---

① makefile 文件中，每行命令必须以制表符（按 Tab 键输入）开头。人眼看不到制表符与普通空格的区别，所以这个做法一直为 Unix 社区所诟病。——译者注

普遍问题：如果程序很好，它就会吸引用户，然后就很难用任何不兼容的方式来修改。Unix 和大多数其他系统都充斥着最初就存在的瑕疵，根深蒂固，无法修复。

Make 也是本节主题的范例：与其手写代码或手写操作序列，不如创建一套符号或规格，声明必须做什么，然后写程序来解释规格。这种方法用数据代替了代码，几乎总能见效。

时至今日，Yacc、Lex 和 Make 还是常用工具，因为它们解决了程序员依然面对的重要问题，而且解决得如此之好，以至于它们的设计，有时甚至是原始实现，至今仍在使用。

说句题外话，我第一次见到斯图是在 1967 年左右。当时我在普林斯顿大学读硕士，而他则是本科生，为贝尔实验室兼职研发 Multics。在麻省理工学院获得天体物理学博士学位后，斯图加入 1127 中心。他 1984 年去了 Bellcore，然后到 IBM 任职，再后来加入谷歌公司。对我来说有点幸运的是，有几个夏天我去谷歌公司做访问学者时，他是在我上面几级的经理。

5.3 文档编制

Unix 很早就有良好的文档编制工具，这些工具有助于 Unix 文档的完善。本节将讲述早期 Unix 系统上文档编制工具历史的故事。就像 Unix 的很多其他部分一样，这个故事关乎程序、程序员和用户之间的互动如何造就创新和改进的良性循环。

1966 年我在麻省理工学院实习时，了解到杰瑞·索尔泽（Jerry

Saltzer）的 Runoff 程序（Runoff 的名字来自“I'll run off a copy for you[①]”这样的说法）。Runoff是简单的文本格式化程序：它接受普通文本文件输入，文本中穿插以句点开头的行，用来指定格式。例如，文件内容可能是

```
.ll 60
.ce
Document preparation
.sp 2
.ti 5
Unix had good tools for document production ...
.sp
.ti 5
When I was an intern at MIT in 1966 ...
```

这些标记告诉 Runoff 如何格式化文本：将行长设置为 60 个字符，下一行居中，空 2 行，临时缩进 5 个空格，将段落设置成最多 60 个字符的行，然后空 1 行，再临时缩进下一段。

Runoff 有一二十条这样的命令，可以很容易地格式化手册页、程序说明、给朋友的信等简单文档。今天用 Markdown 之类工具能做到的文本格式化，Runoff 都能做到。

1. 早期格式化工具

Runoff 对我来说是一种启示，一种与数学计算和编译无关的计算机使用方法。有了它，低成本地反复完善文档就变得容易多了。今天的读者可能很难体会到，在文字处理程序诞生之前，编制文档是多么费劲。

---

① 意为“我帮你弄一份”。——译者注

当时只有机械打字机——当然，比泥板或鹅毛笔要好一些，但要想改几个词，就得整份重打。因此，大多数文件打出来后，都得在打印纸上手写修改，再费力用打字机重新输入，才能得到一份干净的文件。

1968 年秋天开始写毕业论文时，我真的很需要 Runoff 这样的工具，否则就得自己用手动打字机打出论文（每改一次都要重打），或者付钱请人帮我打。我打字速度快但常打错，所以前者不切实际；由于我又穷又不怎么能挣钱，后者也不切实际。

于是我写了个简单版本的 Runoff。我把它叫作“Roff”，意思是“Runoff 的缩写形式”。问题是当时普林斯顿大学没有像 CTSS 那样的交互式计算机系统，也没有任何计算机终端，只有穿孔卡可用，但穿孔卡只支持大写字母。我用 Fortran 语言写了 Roff（远非理想，因为 Fortran 是用来进行科学计算的，而不是用来把字符移来移去，但当时没其他选择），添加功能，将所有的字母都转换成小写，同时自动大写每句话第一个字母。最终的文本既有大写又有小写，用一台大小写都能打的 IBM 1403 打印机打印出来。堪称“前卫”！我的论文是 3 盒卡片。每个盒子里有 2000 张卡，盒子长 35 厘米，重 4.5 千克。前 1000 张卡片是程序，另外 5000 张是用 Roff 定义的论文文本。

从未用过穿孔卡的读者可能会不太理解。每张穿孔卡最多包含 80 个字符，要么是一行 Fortran 代码，要么是一行论文文本。如果需要修改文本，就把替换的文本打在几张新卡片上，替换掉旧卡片。修正拼写错误一般只需要更换一张卡片，但如果新文本很长，就可能需要更多卡片。

我不得不在打印出来的页面上手写插入一些特殊的字符，如连加求和符号（Σ）。这个笨办法出奇地好用，足以让我打印出我的论文。相信这是普林斯顿大学第一篇用计算机打印的论文。（图 5-6 所示为随便抽出来的一页。）在之后的几年里，有个学生机构为学生们“roff”文件，并收取一定的费用。因此，Roff 是我写的第一个被别人大量使用的程序。

$$\sum_{j=1}^{m} c[p(j),k] = \sum_{j=1}^{r} c[q(j),k]$$

This follows from the fact that for any i, the cost c[q(i),k] is allocated among that subset of the p(j)'s which are copies of q(i). That is, $\Sigma c[p(j),k] = c[q(i),k]$ for any such subset. Summation of this equality over all q(i) proves the claim.

By construction, the cost for edges leaving the i-th copy of node k in the derived tree is

$$c[k(i),k'(i)] = c(k,k') \frac{c[p(i),k]}{\sum_{j=1}^{m} c[p(j),k]}$$

But

$$\sum_{j=1}^{m} c[p(j),k] = \sum_{j=1}^{r} c[q(j),k] \leq c(k,k')$$

Therefore

$$c[k(i),k'(i)] \geq c[p(i),k]$$

and hence monotonicity of subroutine graph costs is preserved in the tree. Equality of values of edges leaving a copy of a particular node is obviously preserved since the same multiplying factor is used for all the edges leaving the given node.

图5-6　我论文中的一页，使用Roff做了格式化

当我到贝尔实验室时，发现有几个人在写类似 roff 的工具，其中就有道格·麦基尔罗伊基于索尔泽原作编写的程序。乔·奥桑纳在此后不久写了一个更强大的版本，他称之为 Nroff，即“new Roff”（意为“新 Roff”），专利部门用它做专利申请文档格式化工作。正如前文所述，Nroff 是促成为 Unix 研发购买第一批 PDP-11 计算机的功臣。

这个由文档编制爱好者组成的小团体，以及由这类程序的活跃用户构成的社区，完美地契合了我的兴趣。于是在接下来的 10 年里，我花了很大一部分时间愉快地研究文本格式化的工具。

2. Troff 与排版

Roff 和 Nroff 只能处理固定宽度（等宽）字符集，比 Model 37 电传打字机上的标准字母字符多不了多少，所以输出质量并不高。然而，1973 年，乔·奥桑纳安排购买了一台在报刊行业很受欢迎的 Graphic Systems CAT 照排机。他希望能制作更漂亮的内部技术文件，同时也帮助专利部门准备更像样的专利申请书。

这台照排机能打印正体、斜体和粗体等传统非等宽字体，以及一组希腊字母和数学专用符号。字符打印到长卷相纸上，经过几轮化学毒物药浴，相纸才能显影。这项技术早于激光打印机。激光打印机至少还要再过 10 年才会被广泛使用。还有，照排机输出的是黑白照片。廉价的彩色印刷直到几十年后才出现。

每种字体都是一张印有字符图像的 35 毫米胶片，安装在一个快速旋转的轮子上。转轮能同时装载 4 种字体，每种字体 102 个字符，单次印刷任务可支持 408 个字符。当纸张和所需字符处于正确的位置时，照排机发射强光，透过胶片图像，照射到相纸上。它支持16种印刷尺寸。

照排机运转缓慢——想改印刷尺寸，就得转动机械式透镜塔。显影化学药品最令人不快，但输出质量高，可以制作出看上去很专业的文件。事实上，有几次贝尔实验室的作者投给期刊的论文被质疑：它看起来如此光洁，肯定已经发表过了。

为了驱动排版机，乔为Nroff写了个他称之为Troff的重要扩展。“T”代表排版机（typesetter），整个词念作“tee-roff”。Troff语言刁钻晦涩，只有很少人精通，但只要学会技巧、保持耐心，就能让它完成任何格式化任务。实际上，Troff是为特殊型号计算机设计的汇编语言，所以大多数人通过宏包来使用它。宏包封装了常用的格式化操作，如标题、章节标题、段落、编号列表等。宏成了一种底层Troff命令之上的高级语言。迈克尔·莱斯克是制作宏包的大师（他也写了被广泛使用的ms软件包），在我的圈子里，无人能及他善用Troff编程的技巧水平。

有了照排机，就能输出多种字体，字符之间距离合适，也有足量的特殊字符。这样一来，就到了用它来为图书和内部技术文档排版的时候了。第一本用照排机制作的书是我和比尔·普劳格在1974年写的《编程格调》。这本书很多地方排版粗糙，因为当时没有用于呈现代码的单倍行距字体，除此之外，尽如人意。

我和比尔自己排版，主要原因是传统出版流程常常误印计算机程序代码。从输入到准备印刷的整个流程尽在掌握，我们就能直接测试书中的程序，无须文字编辑和排版人员经手，最终得到基本上没有错误的编程书。这在当时极不寻常。从那以后，我一直照此办理，我的书都用Troff或其现代版本Groff制作。幸运的是，人们已不再需要照排机和昂贵又难用的印刷介质。今天，只要把所有的东西都正确地放在 PDF 文件中，然后发给出版商或印刷商就可以了。

3. Eqn 和其他预处理器

贝尔实验室的作者们想要创建的文档不仅仅包含文本，还有其他形式的内容，其中最明显的是数学文本，还包括表格、图、书目引文等。原则上，Troff 本身能够处理这些东西，但并不方便。因此，我们着手创建特殊用途的语言，使其更容易处理特定类型的技术性资料。实际上，这样的演变过程在传统编程语言中已经发生过，我们只是在文档编制领域重复一次而已。

这些特殊用途语言中的第一种是 Eqn。Eqn 是用于排版数学表达式的语言和程序，由洛琳达 · 彻丽（图 5-7）和我于 1974 年编写。如人所愿，贝尔实验室制作了大量的技术文件，大部分供内部使用，其中许多文件充满数学内容。实验室有一批打字高手，他们能读懂手写的数学符号，并使用手动打字机将其打成可识别的形式，但这一过程非常耗时，而且编辑起来也很痛苦。

图 5-7　洛琳达 • 彻丽，约 1981 年（杰勒德 • 霍尔兹曼供图）

洛琳达一直在探索如何实现数学符号输出工具，而我希望有一种语言能像数学家朗读数学内容那样直观。我想，关于这种语言的想法根植于我的潜意识里，因为我还在读研时，就曾自愿加入“为盲人录音”（Recording for the Blind[①]）项目，朗读技术书籍并录制下来。这项工作持续了好几年，所以我花了很多时间口述数学内容。

Eqn 能很好地处理简单数学表达式。例如，级数求和：

$$\sum_{i=0}^{\infty}\frac{1}{2^i}=2$$

写作：

```
sum from i=0 to inf 1 over 2 sup i = 2
```

事实证明，数学打字员很容易学会 Eqn，其他人也很容易学会，实践证明它比手工打字机快得多。这种语言非常简单，连物理学博士也能掌握。没过多久，人们就开始自己动手打字，不再依赖专业打字员。Eqn 是启发高德纳（Don Knuth）开发 TeX（1978）中数学模式的灵感之一。TeX 已成为数学内容输入的标准。

Eqn 是作为 Troff 的预处理器来实现的，通常用法是把 Eqn 的输出通过管道引入 Troff 中，就像这样：

```
eqn file | troff >typeset.output
```

Eqn 识别数学结构，并将其转化为 Troff 命令，而其他内容则不做处理。预处理器式方法干净爽利地切出两种语言和两种程序，用于不同目的。PDP-11 的物理限制逼着洛琳达和我想出这个好主意。由于内存

① 全称是 Recording for the Blind & Dyslexic（RFB&D），非营利机构，成立于 1948 年，早期致力于为盲人和视觉障碍者提供声音学习资料，后来也将阅读和学习障碍患者纳入服务对象，2011 年改名为 Learning Ally。——译者注

限制，Troff 已经是单个程序所能达到的最大尺寸，不能再添加处理数学内容的功能。再者，即使我们想修改 Troff，乔·奥桑纳也不会容许我们碰它。

Eqn 语言基于盒子模型：表达式由一系列盒子组成，这些盒子相互决定位置和大小。例如，分数是一条长线将分子盒和分母盒上下分开。像 x_i 这样的下标表达式是一对盒子，其中第二个盒子的内容尺寸较小，位置比第一个盒子略低。

我们用史蒂夫·约翰逊新发明的编译器 - 编译器 Yacc 来定义语法，并将语义挂接上去。Eqn 是首个基于 Yacc 的语言，不同于传统语言的传统编译器。就我自己而言，如果没有 Yacc，Eqn 不会出现，因为我不肯为一门新语言亲手写语法分析器。语法太复杂，而且在我和洛琳达试验语法的时候，经常会改动它，所以不适合写专门的语法分析器。我们使用 Yacc 的经验有力地说明，有了好的工具，就能做一些原本太难甚至无法想象的事情。

为不同类型的难以排版的材料提供预处理器是个好主意。在 Eqn 面世之后不久，迈克尔·莱斯克创造了 Tbl，它提供了相当不一样的语言来制作复杂表格。莱斯克还写了用于管理文献引用的 Refer 程序。管理文献引用对技术论文来说非常重要。

本章介绍的许多程序都是预处理器，也就是将一些语言转换成适合后续处理的形式的程序。C++ 的最初版本 Cfront，更准确的描述是 C 语言的面向对象的预处理器，最终演变成了 C++。有时，随着功能被吸收到下游处理环节中，预处理器最终消失了，就像 C++ 那样。更多情况下，预处理器继续独立存在，就像文档编制工具 Eqn 和 Tbl。另一个例子是 bc[①]，它是 dc[②] 的预处理器。dc 是鲍勃 · 莫里斯原作的不限精度计算器。洛琳达·彻丽编写 bc 是为了给 dc 提供传统算术符号，因为 dc 的后缀式符号对于新手来说太难了。

预处理器有很多优点。首先，在实现一种语言时，不会受到现有语法的限制，可以使用完全不同的风格，如各种 Troff 预处理器。其次，内存很小时，根本没办法在已经很大的程序中加入更多功能，Troff 的情况尤其如此。最后，因为预处理器有输出，所以可以在继续传递之前对其进行操作，执行其他类型的数据处理。在文档编制套件中，我经常使用 sed 脚本等预处理器来修正字符集和间距。克里斯 · 范·维克（Chris Van Wyk）和我写了一些程序，通过修改 Troff 的输出，在页面传送到设备驱动程序之前，对它进行纵向对齐处理。这些功能无法整合到单一程序，在管道流水线中处理时，就很容易在前面或后面或中间添加新的环节。

4. 与设备无关的 Troff

乔·奥桑纳于 1977 年去世，享年 48 岁。他的部分遗产是 Troff 源代码。那近万行难以捉摸的 C 语言代码，是乔从原本的汇编语言形式手工翻译出来的——缺乏注释，几十个双字母名称的全局变量，以及（见前文关于内存的讨论）各种小技巧，把尽可能多的信息塞进不够多的内存。乔认为，这样做绝对有必要，因为得把 Troff 的所有功能打包到 65 KB 中，那是当时我们使用的 PDP-11/45 上用户程序可用的最大内存。

我一年多都没去动这些代码，但终于鼓足勇气开始摆弄它。慢慢地、

① bc 代表 basic calculator（基础计算器）。——译者注

② dc 是 desktop calculator（桌面计算器）的简称，采用 B 语言编写。——译者注

小心翼翼地，我开始了升级。除了缺乏注释和文档，最大的问题是，它极大地依赖于 Graphic Systems CAT 照排机，而这种机型业已过时。

最后，我设法找到了所有依赖 CAT 特殊功能的代码，并换成由字符集、字号、字体和分辨率等排版器特性表驱动的通用代码。我发明了一种排版机描述语言，这样 Troff 就可以根据特定排版机的能力来产生输出。驱动程序将该输出转换为特定设备所需的输入。这就产生了所谓的与设备无关的版本，我称其为 Ditroff[①]。它还使其他文档编制预处理器，特别是 Pic，能够利用新排版设备的更高分辨率来绘制线条和图形。

其中一种设备是摩根泰勒（Mergenthaler）出品的新型排版机 Linotron 202。从指标上看，似乎正可取代 CAT 照排机。它速度快，分辨率高，通过绘图的方式在屏幕上显示字符。它的处理器是 Computer Automation 出品的标准微型计算机“Naked Mini”。Naked Mini 由一个简单的程序控制，类似于我为其他排版机编写的程序。这套设备主要的缺点是价格高昂，在 1979 年售价 5 万美元。鉴于我们用旧排版机打出了赫赫战绩，管理层几乎没有经过任何讨论就批准购买新设备。

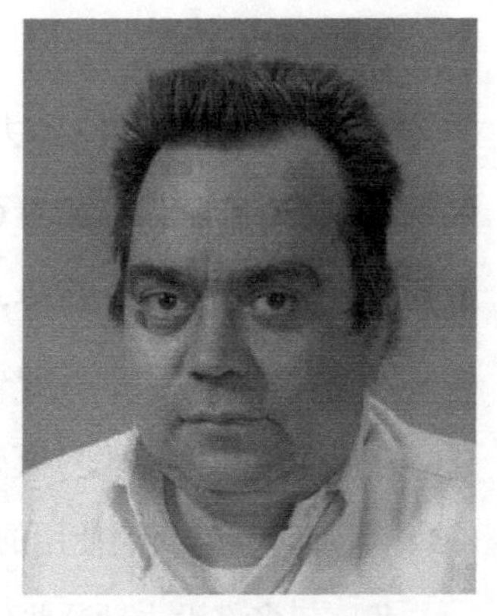

图 5-8　乔・康登，约 1981 年（杰勒德・霍尔兹曼供图）

Linotron 202 一到手，我们就发现它的硬件出乎意料地不可靠；更糟糕的是它的软件。在之后几个月中，摩根泰勒的维修人员几乎每天都要过来，肯・汤普森和乔・康登（图 5-8）还开展了对硬

① 即 device-independent Troff 的简称。——译者注

件进行逆向工程的壮举。

Bell Laboratories

Subject: **Experience with the Mergenthaler Linotron 202 Phototypesetter, or, How We Spent Our Summer Vacation**
Case- 39199 -- File- 39199-11

date: **January 6, 1980**

from: **Joe Condon**
Brian Kernighan
Ken Thompson

TM: **80-1270-1, 80-1271-x, 80-1273-x**

MEMORANDUM FOR FILE

1. Introduction

Bell Laboratories has used phototypesetters for some years now, primarily the Graphic Systems model CAT, and most readers will be familiar with *troff* and related software that uses this particular typesetter.

The CAT is a relatively slow and antiquated device in spite of its merits (low cost, and until recently, high reliability). Most newer typesetters use digital techniques, rather than the basically analog approach of film stencil and optical plumbing used in the CAT. These typesetters store their characters digitally, using some representation of the character outline, and print on photographic paper by painting some area with a CRT. Figure 1 is a block diagram of a typical digital typesetter.

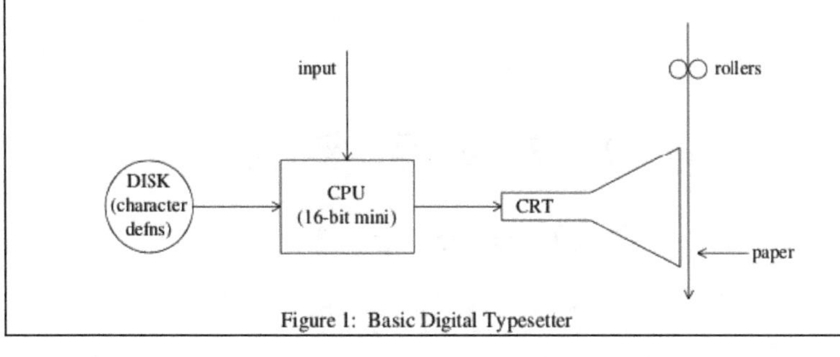

Figure 1: Basic Digital Typesetter

图5-9 记录了与Linotron 202斗智斗勇过程的贝尔实验室备忘录，未正式发布

乔本来是物理学家，但随着兴趣转移，他成了出色的电子电路设计师。他为中心编写了许多用于硬件实验的电路设计工具，并与肯一起设计

了 Belle 国际象棋计算机。他的硬件专业知识对摸透 Linotron 202 至关重要。

肯首先为机器上运行的二进制程序编写了反汇编器。（他在某个晚上用几个小时就完成这项工作，而我则回家吃饭，然后回来工作整晚。）

通过拆解摩根泰勒程序，肯和乔对排版机本身的工作方式有了切身体会。经过几个星期紧张的逆向工程，他们弄清了摩根泰勒的专有字符编码，并编写了新代码，这样我们就可以创造自己的字符，例如，图 5-9 所示最上端的贝尔系统标志、用于输出棋局和棋盘图的国际象棋字体，以及有多种用途的彼得面容（图 5-10）。

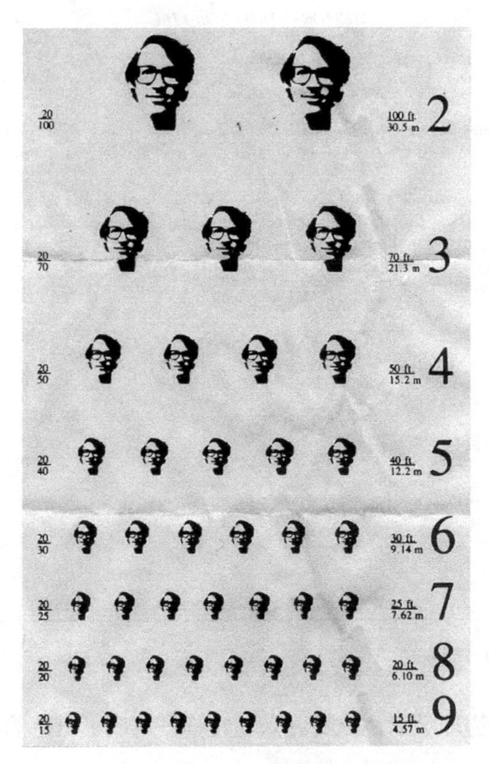

图 5-10　彼得脸视力表（杰勒德·霍尔兹曼供图）

肯为摩根泰勒控制器写了 B 语言解释器，我们则编写 B 程序来驱动它。有份技术备忘录详细讲述了这个故事。可能出于避免透露摩根泰勒知识产权的考虑，贝尔实验室管理层封存了这份备忘录，但它最终在 2013 年被公布。图 5-9 展示的是第一页的部分内容，80-1271-x 等不完整的内部备忘录编号表明从未分配过正式编号。

当 202 终于运行起来时，其高分辨率使它有可能实现有趣的图效果，包括半色调图像和线图，如图 5-9 中展示的数字排版机工作流程图。对于后者，我创造了一种名为 Pic 的语言，可以用文字来描述组织结构图或网络数据包图这样的图形。当然，它的语法部分采用 Yacc，词法部分采用 Lex。图 5-11 所示为 Pic 输入和输出的一个简单例子。

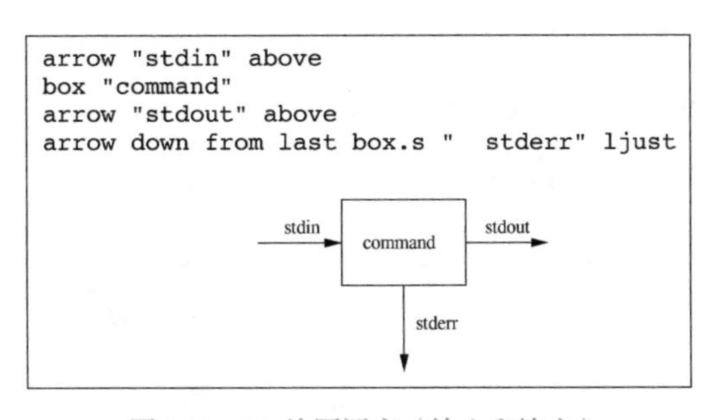

图 5-11　Pic 绘图语言（输入和输出）

5. 图书出版

文档编制工具之所以能很好地发挥作用，原因之一是普适性强：它们被广泛应用在手册、技术文件、书籍等出版物上。代码作者们的办公室在同一条走廊上，如果程序有缺陷或者工作不顺畅，就会有强大压力来推动他们修复问题，并在必要时增加功能。当然，这不仅仅适用于文档编制软件。我们都是自己软件的用户，这给了我们改进软件的真正动力。

计算科学研究中心的成员在20世纪70年代和80年代写出了特别多有影响力的图书，远超人们对一个工业研究实验室的预期。因此，经过一段时间后，贝尔实验室成为著名的计算和计算机科学权威书籍的来源。

图5-12　阿霍与厄尔曼的“龙书”，第1版，1977年

阿尔·阿霍写了几本广泛使用的课本，包括1977年与杰夫·厄尔曼合写的名作“龙书”《编译原理》（*Principles of Compiler Design*）（图5-12），还有与杰夫及约翰·霍普克罗夫特（John Hopcroft）合写的《计算机算法的设计与分析》（*Design and Analysis of Computer Algorithms*）。本贾尼·斯特劳斯特鲁普（图5-13）在20世纪80年代创造了C++，几年后写了几本C++书。乔恩·本特利在《ACM通讯》上的专栏文章结集成《编程珠玑》（*Programming Pearls*）一书。数学中心的迈克·加里（Mike Garey）和戴维·约翰逊（David Johnson）用Troff和Eqn为他们的大作《计算机和

图5-13　本贾尼·斯特劳斯特鲁普，约1984年（本贾尼·斯特劳斯特鲁普供图）

难解性：NP完全性理论导引》（*Computers and Intractability: A Guide to the Theory of NP Completeness*）排版。我们也以图书形式出版了Unix和Plan 9的用户手册，诸如此类。这些出版物成为好几代程序员和计算机科学专业学生的标准教材和参考书。

这群来自工业界的相对少量的研究人员何以能写出这么多有影响力的书？

以我之见，有那么几个原因。首先，人们认真对待写作，殚精竭虑。对于其他人的作品来说，他们也是了不起的审读者。道格·麦基尔罗伊是这群人中的魁首。无论什么主题，道格都能发现别人发现不了的错误（有细微错误也有关键错误），别人都没有他那种如炬的眼光。我在贝尔实验室时，无论写了什么都会请道格点评，而他总是如我所请。当他撕裂我的文字时，我感到很惭愧，但这使我成为更好的写作者，同样的事情也发生在其他人身上。

当然，道格并不是唯一的审读者。每个人都慷慨奉献出自己的时间，对同事写的东西不吝给出意见，这不过是文化使然。在其他地方这种情况并不常见，所以贝尔实验室才能那么伟大。

其次，管理层支持图书写作。出版物，包括图书在内，对于维护贝尔实验室在科学界和学术界的声誉非常重要。在管理层的支持下，员工可以全身心地投入到图书写作中。这种全力以赴6个月足以基本完成的工作，如果只是业余或在晚上来做，可能需要数年时间。虽然贝尔实验室保留了书籍的版权，但作者可以获得版税，这就更有推动力了。我想我们中没有人是为了赚钱而写书的——实验室没人会蠢到以为写技术书有利可图，但如果图书取得了些许成功，作者就能拿到这笔钱。

开明的管理方式和公司策略鼓励人们写作。从长远来看，公司和作者都获得了回报。贝尔实验室作者的出版物也有助于吸纳人才。

贝尔实验室并不是什么神秘的机密机构，学生们知道，他们使用的软件和教材来源于这里。潜在的新员工可以看到好作品正在被研究和发表，他们不必担心自己泯然于“工业”研究实验室里。这使贝尔实验室拥有与高校同等的招聘优势。而且，人们可以在实验室全职从事研究工作，不必像在高校那样分心于教学、管理和资金筹集。伟大的软件结合有影响力的书籍，是当时实验室如此成功的重要原因。

第三个因素比较技术性：作为编程环境的 C 语言和 Unix，作为科研部门的文档编写，作为主要活动的计算机技术主题写作，三者之间存在共生关系。这是从道格·麦基尔罗伊的 Roff、乔·奥桑纳的 Nroff 和 Troff 等文本格式化程序开始的，然后是 Eqn、Tbl 等预处理程序。有了这些工具，更加容易制作包含数学符号、表格、图片、图表、图等不易排版内容的文档。这反过来又催生了更好的写作，因为所有这些文档编制程序都有个重要特点：可以借助它们轻易地反复修改文档，并始终有一份整洁的副本，而不必经历将材料交给打字员然后等上好几天这种痛苦而缓慢的过程。

这可能听起来没什么了不起，但我确信，能够如此轻松地进行修改，写作就更加出色，因为制作最新书版的开销几乎完全消除了，而且完全摈弃了打字员、编辑和打印机等中间环节。技术文档和 Unix 程序员手册看重准确性，但书籍更看重整个过程的控制。对于编程书籍来说，程序直接用源代码排版至关重要，这样我们就可以确定打印出来的东西是正确的，没有被人为干预无意中改变。

当然，这些工具都用C语言编写，因为C语言表达力强，效率高。也许，今天不会有很多人记得，当机器容量以千字节而不是千兆字节为单位时，时间和空间的利用效率乃是重中之重。每个字节都得斟酌使用，所以在某种程度上，每条指令也得再三推敲，因此，一种能在这两方面都节约的语言不仅优秀，而且是实际需要。

本书使用上述文档编制工具的衍生程序制作，形成了圆满的闭环。本书还用了詹姆斯·克拉克（James Clark）编写的Groff、Geqn等出色的新实现和增强功能。

5.4 sed和awk

Unix文件系统的主要简化之一是将文件统统看作为未经解释的字节序列。没有记录，没有必需或禁止的字符，也没有文件系统强加的内部结构，只有字节。

大多数Unix程序处理文本数据的方式也同等简单。文本文件只是字节序列，恰好是ASCII（American Standard Code for Information Interchange，美国信息交换标准代码）中的字符。统一的纯文本视角天然适合于管道。Unix工具箱中装满了读取文本输入、对其进行处理并输出文本的程序。上文已提到一些例子，如计词、比较、排序、翻译和查找重复内容，当然还有那个典型的例子，用于检索的grep。

1. sed

grep大获成功，李·麦克马洪受到启发，写了类似程序gres，它可以在文本流过时进行简单替换；“gres”末尾那个“s”代表 ed 中的替换命令。李很快就写出通用的流编辑器 sed，取代了 gres。sed 在文本从输入到输出的过程中应用一系列编辑命令，grep 和 gres 都是 sed 的特例。sed 使用的命令与标准 ed 文本编辑器中的编辑命令相同。今天，sed 在 shell 脚本中经常被用于以某种方式转换数据流：替换字符，添加或删除不需要的空格，或丢弃不需要的东西。

李经历非凡——他是哈佛大学的心理学博士，曾在耶稣会神学院学习，准备成为神职人员，后来却踏上了更世俗化的计算机科学家之路。他是 Unix 小组中最早思考大规模处理文本的人之一，而当时主存储器还处于小到根本无法存储大量文本的阶段。多说一句，“大量”是相对而言。李在 20 世纪 70 年代初对《联邦论：美国宪法述评》(*Federalist Papers*）特别感兴趣，文集中所有文章加起来总共只有 1 MB 多一点。

2. awk

我对能同时处理数字和文本的工具很感兴趣。grep 和 sed 都不能处理数字数据或进行计算，grep 也不能处理多行文本，这类运算仍然需要 C 语言程序。我想找一种通用方案。与此同时，阿尔・阿霍（图 5-14）一直在试验支持比 grep 更丰富的正则表达式类别的方法，并编写了 egrep（“扩展 grep”，extended

图 5-14 阿尔・阿霍，约 1981 年（杰勒德・霍尔兹曼供图）

grep）。彼得·温伯格对数据库感兴趣，他不久后调入1127中心，搬到我和阿尔之间的办公室。

1977年秋天，我们3个人讨论如何将这些想法结合起来。我们从IBM强大但难以捉摸的报表程序生成器RPG中获得了一些灵感，同时还从马克·罗奇金德（Marc Rochkind）那里得到了一个精妙的点子，在下一章中我会介绍这个点子。最终我们设计出一种语言，起名为AWK（下文写作awk）。正如我们在最初的说明中提到的那样，用作者的名字来命名一门语言是想象力贫乏所致。我不记得我们是否考虑过与awkward[①]相关的同义词，也可能是我们觉得这个名字既风趣又贴切，总之它最后成了程序名。彼得利用Yacc、Lex和阿尔的egrep正则表达式代码，只用了几天时间就写出第一个版本。

awk程序是模式和动作的序列。每行输入都要测试所有模式，如果模式匹配，则执行相应动作。模式可以是正则表达式，也可以是数字或者字符串关系。不指定模式就会匹配所有行，不指定动作则会输出匹配行。

下例输出所有长于80个字符的输入行，该模式没有指定动作。

```
awk 'length > 80'
```

awk支持数字或字符串变量，以及下标为数字或任意字符串的关联数组。变量初始化为零和空字符串，所以通常不需要设置初始值。

awk自动读取输入文件的每一行，并将其分割成字段，所以很少需要另写代码来读取输入或解析各行。awk还有一些内置变量，包

① awkward意为“蹩脚”“笨拙”“尴尬”，awk是其前三个字母。——译者注

含了当前输入行的编号和该行对应的字段数，所以这些值也不需要另行计算。这些默认值消除了重复代码，意味着许多 awk 程序只有一两行长。

例如，下例在每一行开始处加上行号：

```
awk '{print NR, $0}'
```

NR 是当前输入行的行号，$0 是输入行的内容。

下例统计每个单词的出现次数，并在最后输出单词及其计数。

```
    { for (i = 1; i <= NF; i++) wd[$i]++ }
END { for (w in wd) print w, wd[w] }
```

程序第一行是没有指定模式的动作，所以对每一行输入内容都有效。内置变量 `NF` 是当前输入行的字段数，它是自动计算出来的。变量 `$i` 代表第 `i` 个字段，同样是自动计算出来的。语句 `wd[$i]++` 使用该值，也就是输入的一个词，作为数组 `wd` 的下标，并递增数组中的该元素。读取完最后一行输入后，使用特殊模式 `END` 做匹配。注意程序中有两种不同的 `for` 循环。第一种直接借用自 C 语言；第二种是在数组的元素上循环，在本例中，它输出多行文本，每行列出原始输入的每个单词以及该词出现的次数。

虽然 Perl 和稍后的 Python 接管了许多潜在应用场景，但 awk 今天仍然被广泛使用。它是一个核心工具，至少有四五种独立实现，包括阿诺德 • 罗宾斯的 Gawk 和迈克尔 • 布伦南（Michael Brennan）的 Mawk。awk 当然存在一些有问题的设计和未尽之处，但我认为它是最能善用语言编程能力的工具——用户花 5~10 分钟就能大体学会，而且程序代码往往只有几行。它并不适合写大型程序，但这并没有妨碍有人写出长达数千行的awk程序。

作为被高频使用的shell管道组件，sed广受欢迎。我甚至有一张保险杠贴纸，印着

“Sed and awk: together we can change everything.” ①

值得注意的是，sed、awk、Make、Yacc和Lex都实现了某种程度的模式-动作范式。这些语言中的程序由一系列的模式和动作组成：基本操作是根据每个模式检查输入，当模式匹配时，执行相应的动作。模式和动作有时可能会被省略，在这种情况下，会执行默认行为。

例如，grep、sed和awk都可以用来匹配单个正则表达式。如果特定正则表达式对以下3个命令都有效，则3个命令是等价的：

```
grep re
sed -n /re/p
awk /re/
```

对于基本上由测试和相应动作组成的运算，模式-动作范式自然而然。流行文化中的awk元素见图5-15。

图5-15 流行文化中的awk元素②

① 对应的译文为：“sed和awk：携手就什么都能改变。”——译者注

② A&W（艾德熊）是罗伊·艾伦（Roy Allen）和弗兰克·莱特（Frank Wright）于1919年创办的连锁餐厅，AWK Club是该餐厅面向儿童顾客的会员制度，显然与Unix语境的awk没有任何关系。——译者注

5.5 其他语言

Unix 编程环境及其语言开发工具、丰富的潜在应用领域，当然还有精通编译器、编程语言理论和算法的组内专家，推动了其他语言的设计和实现。我不打算深究其中任何一种语言，但值得快速点个名。

没有必要理解这些语言的任何细节。真正的经验是，拥有了广泛的兴趣、语言专业知识以及像 Yacc 和 Lex 这样的工具，中心成员能够相对容易地为新应用领域创造新语言。如果没有这些因素的结合，将会困难得多。我想，如果没有这些因素，许多有趣的语言就不会存在。

最明显的例子是 C++。它始于 1979 年，当时本贾尼·斯特劳斯特鲁普刚从剑桥大学获得博士学位，加入 1127 中心。本贾尼对仿真和操作系统感兴趣，但既有语言并不能真正满足他的需求。因此，他从最接近需求的 Simula[①] 中汲取养分，并将其与 C 语言融合。1980 年，面向对象编程思想与 C 语言的效率和表现力相结合，结果得到了一种"带类的 C 语言"。

事实证明这是个好组合，而这门语言也繁盛起来。1983 年，它得名 C++，这是里克·马希蒂（Rick Mascitti）形容 C++ 增量运算符的双关语。如今，C++ 是最广泛使用的编程语言之一，是微软 Office 套件和谷歌基础架构的重要组成部分，也是你最喜欢的浏览器（不管哪种）、许多视频游戏和其他幕后软件的核心。

本贾尼在我部门任职长达 15 年。就像前文提到的那样，他经常过来找我讨论设计决策，所以我算是看着 C++ 长大的。至少在早期，我还能

---

① 20 世纪 60 年代诞生的第一代面向对象语言。——译者注

够理解它。但现在它是一门大了很多的语言，而我则变得所知甚少。

C++ 因其尺寸太大而饱受诟病，有时也因为从 C 语言承袭而来的语法受到责难。从多年以来与本贾尼的交谈中，我了解到，在这门语言中，一切选择都是他深思熟虑的结果。让 C++ 成为 C 语言的超集是合理的工程和市场决策，尽管这需要容忍 C 语言许多语法和语义上的粗糙之处。如果本贾尼不以兼容 C 语言为目标，C++ 成功的机会就会小很多。建立一门新的语言很困难，让它在源码级（文化熟悉）和目标文件级（使用现有的 C 语言库）上兼容至关重要。在当时，让它和 C 语言同样高效也至关重要。

还有一些尚未提及的重要语言也源自 1127 中心。

斯图・费尔德曼和彼得・温伯格编写了首个 Fortran 77 编译器 f77。作为一种语言，尽管它仍然没有一套合理的控制流语句，但 Fortran 77 比我拿来搞 Ratfor 的 Fortran 66 还是要好一些。不管怎么说，创造 f77 富有挑战性，但也物有所值，因为它被 1127 中心的数值分析人员在 PDP-11 和 VAX 上大量使用。

图 5-16　杰勒德・霍尔兹曼，约 1981 年（杰勒德・霍尔兹曼供图）

在做与 f77 相关的工作时，斯图和戴夫・盖伊（Dave Gay）编写了 f2c。f2c 的功能是将 Fortran 翻译成 C 语言，从而使得在没有 Fortran 编译器或 Fortran 编译器索价过高的系统上使用 Fortran 成为可能。

杰勒德・霍尔兹曼（图 5-16）是

从代尔夫特理工大学离职后加入 1127 中心的。他一直爱好摄影。20 世纪 80 年代初，他提出一种编程语言，用于对数字图像文件进行算法转换。他把它称为 Pico：

> “原本这个名字表明了它的大小[①]，后来更容易被理解为‘picture composition’（画面构成）的缩写。”

Pico 是模式 - 动作语言的另一个例子。它根据用户定义的表达式评估原始图像中的每个像素，定义新图像；表达式可以是数值、坐标、各种函数和其他图像的一部分。这些表达式会导致有趣的变换，其中许多表达式出现在杰勒德于 1988 年出版的 *Beyond Photography* 一书中，用来描述和说明 Pico。（图 5-17 所示为其中一个例子。）

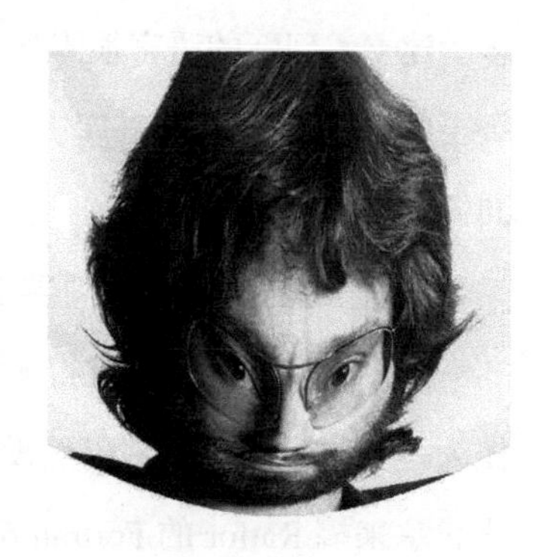

图 5-17　杰勒德・霍尔兹曼，使用Pico转换而成

毫不奇怪，Pico 是用 C 语言和 Yacc 语法分析器实现的。

杰勒德还创造了基于专用语言的专业工具 Spin，用于分析和检查涉及独立通信进程的软件系统。Spin 可以验证某个系统在逻辑上是否正确，有没有死锁、停顿之类缺陷。（“你先请。”“不，你先请。”）Spin 是 1127 中心研究如何呈现独立进程随着时间推移相互作用的范例，也体现了一流的软件工程如何做出易于使用、运行速度足够快的系统。Spin 模

① pico 意为“微型”。——译者注

型是用另一种叫作 Promela（protocol metalanguage，意为“协议元语言”）的特殊用途语言编写。Promela 也是用 Yacc 实现的。

Spin 仍在蓬勃发展，它已安装到数千台设备上，还举办用户年度会议。它被用于验证大量的系统，覆盖从硬件设计到铁路信号协议的各种场景。

鲍勃·福勒（Bob Fourer）、戴夫·盖伊和我设计并实现了 AMPL，这是一种像线性规划那样定义优化问题的语言。鲍勃是美国西北大学的管理科学和运筹学教授，长期以来一直致力于帮助人们创建数学优化模型。我们关于 AMPL 的工作始于 1984 年他来实验室休研究假的时候。

AMPL 可以很容易地定义用于描述特定优化问题的模型，如给定运输成本、每间商店的预期销售额、每家工厂的生产能力等数据，寻找将货物从工厂运到商店的最佳方式。优化问题用代数符号写成，描述必须满足的约束条件系统，和要最大化或最小化的目标函数。

类似这样的优化问题触及许多行业的业务核心：航空公司机组调度，制造、运输和配送，库存控制，广告投放以及其他各种大量应用。

我用 C++ 写了最初的 AMPL 实现，还用到 Yacc 语法和（我想）用于词法分析的 Lex。这是我写的第一个正经 C++ 程序，不过我很快就把代码移交给了戴夫·盖伊。

AMPL 也许是唯一广泛使用的源自 1127 中心的专有语言。（语言本身不受版权保护，但据我所知，目前还没有开源的实现。）AT&T 在 AMPL 创建几年后就开始向其他公司授权。戴夫和我从贝尔实验室退休后，我们 3 个人成立了一家小公司，专注 AMPL 优化，继续 AMPL 的开发和营销。最终，我们从贝尔实验室购买了产权，这样我们就可以走自己的路。公司规模仍然很小，但在其利基市场上是重要玩家。

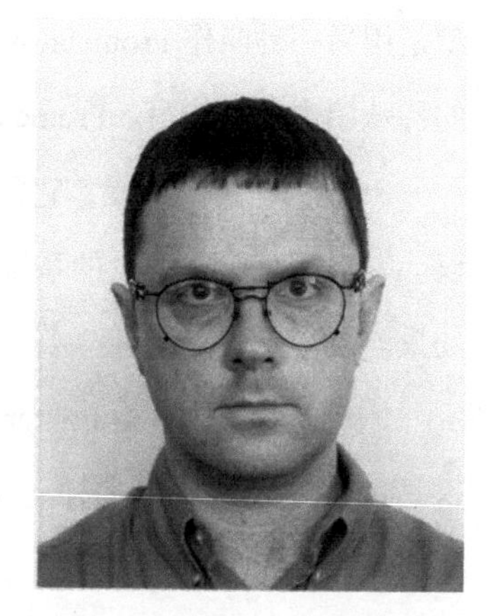

图 5-18 罗布·派克，约 1981 年（杰勒德·霍尔兹曼供图）

20 世纪 80 年代初，罗布·派克（图 5-18）和卢卡·卡德利（Luca Cardelli）试验了为并发设计的语言，这种语言尤其关注与鼠标和键盘等输入设备的交互，因此得名 Squeak[①]（以及后来的 Newsqueak）。Newsqueak 的概念最终融入 Plan 9 中使用的并发语言 Limbo 和 Alef，10 年后又为 Go 语言所采纳。Go 语言由罗布·派克、肯·汤普森和罗伯特·格里塞默于 2008 年在谷歌公司创建。

5.6 其他贡献

到目前为止，本章大部分内容强调系统软件，特别是语言，因为这是我最了解的。但我还该提及科学计算、通信、安全和硬件方面的一些重要活动，因为它们往往颇具影响力。当然也都有大量的软件成分，但并不全都整齐划一地落在 Unix 第 7 版的时间范围内。

① Squeak 意为“吱吱叫”，可以形容老鼠的叫声。——译者注

1. 科学计算

贝尔实验室符合人们对科研机构的期许，很早就参与了利用计算机对物理系统及处理进行建模和仿真的工作，这是数学研究的自然延伸。这也验证了迪克·汉明关于计算将取代实验室的预言。研究工作聚焦在数值线性代数、微分方程和积分方程、函数逼近和包含已知最佳解法的可被广泛使用的数学函数库。

菲利斯·福克斯（Phyllis Fox）是这类数值计算的先驱，也是为Fortran 程序员开发的 PORT 库的主要贡献者。PORT 为在不同计算机上可能有差异的数值范围定义了与特定机器相关的常量，它保证了 Fortran 代码能够移植到不同类型的计算机上。

PORT 库是个大项目，最终产出 1500 个程序文件，13 万行 Fortran 代码，还有大量文档。芭芭拉·赖德（Barbara Ryder）和斯图·费尔德曼开发了 Fortran 编译器 PFORT，用于检查 Fortran 代码是否是用标准 Fortran 的可移植子集编写的。诺姆·史莱尔（Norm Schryer）编写了检查计算机算术运算的程序，因为不同计算机的浮点运算方式往往相差甚远。这项工作尤为重要，因为当时浮点行为标准还未制定。

埃里克·格罗斯（Eric Grosse）和比尔·库格伦（Bill Coughran）开发了半导体建模及仿真、电路分析和可视化的算法，主要用于半导体设计和制造。贝尔实验室开发的许多数值软件通过 Netlib 数学软件库在全球范围内发布，至今仍被科学计算界广泛使用。对 Netlib 和更大的社区做出重大贡献的其他数值分析家还有戴夫·盖伊、琳达·考夫曼（Linda Kaufman）和玛格丽特·莱特（Margaret Wright）等。

2. AT&T的800号码目录

埃里克·格罗斯的软件分发经验在一个有趣但与 Unix 无关的项目中帮了大忙：1994 年，埃里克、洛琳达·彻丽和我把 AT&T 的 800 号码目录放到了当时还是全新的互联网上。我们的目的是让 AT&T 获得一些提供真正的互联网服务（以及互联网本身）的经验，也许还能给 800 号码带来更多呼入，甚至最终通过显示广告等增值服务获得收入。此外，我们希望通过提供真正有价值的服务，而不仅仅像当时许多互联网产品那样名不副实，从而获得合理的公共关系利益。

1994 年 8 月，我们拿到包含 157 000 条记录的数据库快照，共约 22 MB。几个小时内，我们就已将其做成可搜索和浏览的网站，在本地计算机上运行。说服 AT&T 管理层将其公开花了比这多得多的时间。然而，经过深思熟虑，管理层的排斥和惯性最终屈服于 AT&T 的竞争对手 MCI 即将提供互联网服务的传闻，于是该目录于 1994 年 10 月 19 日公开发布。这是 AT&T 的第一个网页服务。

公司策略造成的拖延令人略感沮丧，但关于数据的故事却很有启发性。数据库内容错漏百出，显然没有人用挑剔的眼光去检查那一大堆列表，如“辛辛那提（Cincinnati）”就有 9 种不同拼法（它们将成为正则表达式应用的好例子）。

尽管该目录服务不尽完善，但还是获得了一些公共关系上的好处：它一度被列在雅虎万维网指南（Yahoo WWW Guide）的“酷链接”（Cool Links）之首。（雅虎本身成立于 1994 年初，它的索引完全是手工编制的。）AT&T 差点就落后于 MCI，但却通过率先提供有用的服务略胜一筹。该目录确实让AT&T看起来涉足了互联网，它激发了大量内部的讨论和为规划进一步服务做计划的计划。最起码，这让人们认识到互联网发展和变化的非凡速度；正如我当时的非正式报告中所说："如果我们想要在这个领域中立足，就必须学会迅速行动。"

3. UUCP

在20世纪70年代中期，迈克尔·莱斯克编写了UUCP，即Unix到Unix的拷贝程序（Unix to Unix copy program）。它用于在Unix系统之间（一般通过普通电话线）传送文件。虽然电话线传数据速度很慢，有时还很昂贵，但电话线无处不在，而且当时大多数Unix系统都具备某种拨号访问功能。不过具有外拨能力的较少，因为这需要支付话费。

尽管UUCP主要用于软件发布，但早在互联网普及之前，它也是远程命令执行、邮件传输和新闻组的基础。Usenet是最早的世界性信息发布系统之一，它就建立在UUCP基础之上。

第一个UUCP发行版包含在Unix第7版中；在接下来的几年里，它得到改进，被移植到其他操作系统上，并且开源了。后来，随着互联网成为标准通信网络，其协议后来居上，UUCP"寿终正寝"。

4. 安全

Unix社区很早就开始关注安全问题，这种兴趣部分来自Multics，部分来自密码学方面的经验。

有个安全问题关乎允许文件系统用户控制对其文件的访问。Unix

文件系统使用 9 个权限位来控制文件访问。文件的所有者有 3 个权限位，分别控制读访问、写访问和执行访问。对于所有者来说，通常允许读和写普通的文本文件，而执行则不允许，除非该文件是可执行程序或 shell 脚本。还有 3 个权限位用于所有者的组，大概类似于部门、项目与成员的关系，或教职工与学生的关系。最后 3 个权限位适用于所有其他用户。

这种机制比 Multics 那套本质上要简单得多，但它在很长一段时间内都发挥了很好的作用。例如，像编辑器、编译器、shell 等标准命令，都是由一个有特权的账户（通常是 root 用户）拥有的，它可以随意读写和执行这些命令，但普通用户只能执行（也许还可以读）而不能写。需要注意的是，可以在不能读取程序内容的情况下执行程序，这样一来，程序就可以安全地包含受保护的信息。

早期有个改进是为文件设置了第 10 个权限位，称为 setuid（意为“设置用户 ID”）位。设置这个权限位后，文件作为程序执行时，检查权限的用户 ID 不是运行程序的用户，而是文件的所有者。如果设置了该权限位，普通用户就可以借用程序所有者的权限运行程序。这可以用于操作文件系统创建目录、重命名文件等的程序：执行有特权的系统调用的程序由超级用户拥有，其访问权限不受限制。当然，setuid 程序的编写和管理必须小心翼翼，如果不小心，就会严重危害系统安全。setuid 由丹尼斯 • 里奇发明，他在 1979 年获得了专利。

如前所述，密码的概念起源于 CTSS，在 Multics 中沿用，然后被采纳进 Unix。在名为 /etc/passwd 的文本文件中，每个用户占一行，记录登录名、用户ID、密码和其他一些字段。从一开始，密码就是以哈希而非明文的形式存储。哈希是一种扰乱形式，要想重新创建原始密码，唯一切实可行的方法是尝试所有可能的密码。这意味着任何人都可以读取密码文件，但不能使用哈希密码以别人的身份登录。

理论如此。但是，如果哈希没做好，或者密码太简单，就有可能被解密。肯和鲍勃·莫里斯收集了各种Unix系统的密码文件，进行字典攻击实验，尝试疑似密码，看它们哈希之后是否与密码文件中存储的内容相同。他们在20世纪70年代中期的研究表明，10%～30%的密码可以通过这种方式获得。

尽管各方的技术都更加复杂，字典攻击仍然有效。我们希望今天的用户能更多地意识到弱密码的危险性，但从最近经常使用的密码列表来看，他们并没有意识到。顺便提一下，这种攻击方式也曾在1988年的莫里斯蠕虫（Morris Worm）中使用过。当时鲍勃的儿子罗伯特·莫里斯无意中发布了一个程序，该程序试图在互联网上登录Unix系统并进行自我传播。其机制之一是使用可能的密码字典，如“password”和“12345”。

鲍勃编写了最初的Unix `crypt`命令。他于1986年从贝尔实验室退休，成为美国国家安全局（National Security Agency，NSA）的首席科学家，这说明他确实对计算机安全和密码学相当了解。他于2011年去世，享年78岁。

密码学是鲍勃、肯、丹尼斯、彼得·温伯格和弗雷德·格兰普（图5-19）等几位1127中心成员一直以来的兴趣所在。（丹尼斯的网页讲述了一些有趣的幕后故事。）虽然今天的加密技术都用软件实现，但在第二次世界大战期间，加密技术是通过机械装置完成的。弗雷德不知怎么搞到一台德国军方使用的恩尼格玛机（Enigma）。有人说是他在公开市场上买来的；也有人说是他的父亲，一个美国大兵，在战争结束后从德国带回来的。弗雷德把它保存在贝尔实验室。他离世前，把它留给了肯·汤普森。这台机器就放在我对面的肯办公室文件柜底部抽屉里。

图 5-19 弗雷德·格兰普，约1981年（杰勒德·霍尔兹曼供图）

有一天，我借它去普林斯顿大学上一堂密码学讲座。我问有没有人见过恩尼格玛机。没有，没人见过，然后我把它从桌子底下拿出来。我从没见过学生们对什么东西有如此大的兴趣，有些学生甚至站到桌子上，想看个究竟。肯后来把恩尼格玛机捐给了一家博物馆。

1983 年，肯和丹尼斯获得图灵奖时，肯发表了颇具先见之明的演讲“Reflections on Trusting Trust”（关于信任的思考），阐述了可以对编译器进行一系列修改，最终在系统的登录程序中安装木马。

“万勿相信不是完全由你自己创建的代码（尤其是来自雇我这种人的公司的代码）。再多的源码级验证或审查也无法保护你免遭不受信任的代码之害。”

正如他所指出的那样，同样的技巧也可以应用到硬件。在硬件上，漏洞更难被发现。情况并没有好转，这次演讲在今天仍然具有很强的现实意义。

5. 硬件

软件研发是1127中心的主要工作，但硬件方面的兴趣也得到了充分体现。在早期，将一些奇怪的设备连接到PDP-11上常常需要硬件专业知识，这些设备包括Votrax语音合成器、电话设备、排字机和各种网络设备。这推动了一套计算机辅助设计（Computer Aided Design，CAD）工具经年累月的开发。很多人都参与了，如乔·康登、李·麦克马洪、巴特·卢坎提（Bart Locanthi）、桑迪·弗雷泽、安德鲁·休姆（Andrew Hume）和其他我没想起来的人。

20世纪80年代初，巴特使用CAD工具设计制造了一套位图终端。当时大多数终端只能显示24行80个固定宽度和高度的ASCII字符。相比之下，位图终端显示的是庞大的像素阵列，每个像素都可以单独赋值，就像今天所有笔记本式计算机和手机的屏幕一样，不过最早的位图显示是单色的。巴特最初将他的位图终端起名为Jerq，影射匹兹堡三河（Three Rivers）公司那套名为Perq的类似设备。

Jerq最初采用摩托罗拉68000处理器。68000当时颇受欢迎（例如，它经常被用于工作站）。不过Jerq的名称和实现都成了公司政治的牺牲品。Jerq被重新命名为Blit（以快速更新屏幕内容的bitblit操作为名），但只进行了少量生产。AT&T 的制造部门西部电气（Western Electric）公司对它做了重新设计，使用了贝尔实验室设计、西部电气公司制造的处理器芯片 Bellmac 32000。“Blit” 被朗朗上口的 “DMD-5620” 所取代。重新设计花了整整一年时间，AT&T 错失在不断增长的工作站市场上竞争的机会。

罗布·派克为 Blit 和 5620 编写了大部分的操作系统。它最新颖的地方是，计算可以在多个重叠的窗口中进行。重叠窗口以前也见过，但同时只能有一个活动窗口。罗布获得了这项改进的专利。

5620 是很好的图终端，只是比较笨重。我用它来编写图程序，如 Troff 预览器。它也是罗布·派克编写一系列基于鼠标的文本编辑器的环境。罗布编写的文本编辑器 Sam 我至今还在优先使用：这本书就是用它写的。

人们对集成电路和 VLSI（超大规模集成电路）也有持续的兴趣。1980 年，1127 中心开设了为期 3 周的集成电路设计速成课程，由加利福尼亚理工学院的卡弗·米德（Carver Mead）教授主讲。林恩·康威（Lynn Conway）和卡弗合写过一本关于如何设计和实现集成电路芯片的书《VLSI 系统导论》(*Introduction to VLSI Systems*，1980)，他们已经在一些大学里讲过这门课。卡弗天赋异禀，善于编造关于电路工作原理的连串精妙“谎言”。最简单的版本是，当一条红线跨越一条绿线，就构成了一个晶体管。当然，这种严重的过度简化很容易被揭穿，取而代之的是另一个更复杂的“谎言”，而这个“谎言”又会被进一步完善。

受益于卡弗的出色指导，经过几周的训练后，班上每位学员都能设计制造实验芯片。芯片在宾夕法尼亚州阿伦敦的贝尔实验室工厂组装，然后取回来做实验。当时，贝尔实验室使用最先进的3.5微米技术，而现在的电路通常是7纳米到10纳米，线宽性能至少提升了300倍，因此在给定区域内的器件数量约为10万个。

我做了个简单的国际象棋时钟芯片，不过从来没有正常工作过，这要归咎于一个严重的逻辑错误。回想起来错误很明显。有几个人开发了支持工具和他们自己的芯片。我的贡献是开发了辅助布线程序，所以尽管我作为芯片设计者失败了，这几个星期还是富有成效的。

多年以来，我管的部门里至少有六七个人以这样或那样的形式做VLSI——布局检查算法、模拟器、逆向工程，还有一些理论研究。拜卡弗的课程所赐，我还能勉力跟得上他们。

中心对VLSI的兴趣持续了很长时间，最终促成戴夫•迪策尔（Dave Ditzel）和雷•迈克勒兰（Rae McLellan）开发出CRISP（C Reduced Instruction Set Processor）微处理器，这是最早的RISC处理器之一。RISC是Reduced Instruction Set Computer（精简指令集计算机）的缩写，是一种能设计出比VAX-11/780之类机器更简单、更规则的处理器架构的方式。

CRISP的目标是做出契合C语言编译器输出的指令集。为了设计CRISP，戴夫与史蒂夫•约翰逊紧密合作。在讨论了潜在的架构特性后，史蒂夫修改Portable C语言编译器，运行基准测试，看这些特性会对性能产生什么影响，这是硬件/软件共同设计的范例。

AT&T最终以霍比特（Hobbit）为名销售了CRISP的一个版本。它是为苹果公司的牛顿（Newton）设计的，不过牛顿和霍比特都没有获得商业成功。1995 年，戴夫离开贝尔实验室，创立了专注于低功耗处理器的全美达（Transmeta）公司。

尽管 CRISP 本身并没有在商业上取得成功，但 Unix 和 C 语言在 20 世纪 80 年代和 90 年代对计算硬件产生了巨大影响。大多数成功的指令集架构都与 C 语言和 Unix 匹配良好。Unix 和 C 语言的可移植性不仅使高校和公司能够创建新的体系架构，迅速移植软件，而且它要求指令集对 C 语言代码友好，同时倾向于消除 C 语言程序中难以编译的功能。约翰逊和迪策尔使用的那派 CPU 设计方法论会对程序进行统计分析，而对 C 语言代码的分析结果往往有利于那些让 C 语言跑得更快的东西。Unix 和 C 语言被广泛采用，导致 20 世纪 80 年代和 90 年代的 CPU 设计围绕着它们运转，没人成功制造出为其他语言优化的 CPU。

第 6 章　科研中心之外的传播

“目前，全世界有 1400 所大学和学院使用 Unix 操作系统。它是 70 种计算机产品线的基础，范围涵盖从微型计算机到超级计算机。目前正在运行的 Unix 系统约有 10 万个，约有 100 家公司正在开发基于它的应用程序。”

——R·L·马丁（R.L.Martin），

Unix System Readings and Applications，卷 2，1984 年

在 1127 中心的实验室里待了几年后，Unix 开始往贝尔实验室内部和外部传播。外部传播主要途径是高校。根据商业秘密协议，高校支付象征性的“媒介费”即可获得整个系统的源代码。这绝对不是“开放源码”：系统只能用于教育目的，被许可人只能与其他被许可的用户讨论经验和 Unix 用途。然而，社区迅速发展，用户群体在世界各地涌现，并发生了重大技术革新，例如将系统移植到不同类型的硬件上，以及增加访问互联网的新机制。

请记住，本章所述的许多活动与前一章提及的活动同时进行，甚至在前一章提及的活动之前数年就已发生。这可能会让时间顺序看起来有点乱。

6.1 程序员工作台

贝尔实验室的专利部门是科研中心之外的第一个“客户”，但其他团体也发现 Unix 很有用。系统很早就开始传播到贝尔实验室的开发部门和 AT&T 的其他机构。

AT&T 公司拥有 100 多万名员工，是一家非常大的公司。AT&T 运行许多计算机系统，用于管理支持电话服务的数据和操作。这些系统为 AT&T 提供了技术人员接口和支持能力，跟踪设备和客户、监控现场系统、记录事件、排除故障等，统称为业务支持系统。

距离墨里山大约 25 千米的新泽西州皮斯卡特维的一个小团队是科研中心以外首批主要 Unix 用户之一，他们从 1973 年开始研发程序员开发工具，服务那些为大规模生产环境开发软件的程序员。他们研发的工具包后来被称为程序员工作台，或谓 PWB。

AT&T 大部分运营支持系统都运行在 IBM 和 Univac 的大型主机上，这些主机有自己的专属操作系统，如 IBM 的 OS/360。PWB 提供了创建和管理这些计算机上运行的软件的能力。实际上，PWB Unix 为各类大型非 Unix 计算机系统提供了统一的前端，主机被视为外围设备。

远程作业是 PWB 的主要服务之一。有一套命令用于向目标系统发送操作队列、状态报告、通知、日志和错误恢复等作业要求并返回结果。远程作业遵循 Unix 小工具使用方法，即以各种方式连接这些工具，封装成 shell 脚本，以方便非专业人员使用。

为了支持这种编程方式，约翰·马希（图 6-1）改进第 6 版 shell，创建了 PWB shell。PWB shell 拥有更强的编程能力，包括用于决策的 if-then-else，用于循环的 while，以及用于存储文本的 shell 变量。他还发明了一种路径搜索机制，通过设置特定 shell 变量，任何用户都可以指定一系列目录，系统会在这些目录中搜索命令。有了搜索路径，用户就能很容易地在项目目录中放置程序，而不必在系统目录中安装命令，因为他们可能根本没有系统目录的写权限。正如约翰所说，

图6-1　约翰·马希，约2011年（Twitter）

> “我们有一大批（1 000 多）用户，他们不是那种在共享环境下分组工作的 C 语言程序员。他们希望与实验室、部门和小组共享自己的一套命令。他们经常与其他人共享系统，没谁是超级用户。”

约翰还添加了一种判断机制：如果文件被标记为可执行，那么它就会被当作常规命令执行；如果是脚本，则会被传递给 shell。所有这些功能在 1975 年初就已经到位，接下来的一年里，随着越来越多的人开始使用 PWB shell，功能不断完善。约翰的论文 “Using a Command Language as a High-Level Programming Language”（将命令语言作为高级编程语言使用）阐述了使用 1 700 多个 shell 例程的经验：

> “大型项目往往伴随大量编程苦差。PWB 用户拿 shell 当编程语言来用，已经能够免除大部分苦差。许多手动操作被快速、廉价、方便地自动化了。由于 shell 程序非常容易创建和使用，每个项目都倾向于将通用 PWB 环境定制成适合自己需求、组织结构和术语体系的环境。”

正如上一章所指出的那样，约翰的改进很快融入了史蒂夫·伯恩写的 shell 中。

还有个重要的 PWB 产品是马克·罗奇金德 1972 年编写的源代码控制系统（Source Code Control System，SCCS）。SCCS 是首个用于管理多用户大型代码库的程序。

SCCS 的基本思想是，程序员签出代码库中的一部分，锁定这部分代码，其他程序员在锁持有者解锁之前不能修改它，这样就避免了多位程序员同时对代码做出不一致的修改。当然还是会出问题，如粗心大意或程序崩溃都可能会导致代码死锁。另外，如果锁定范围太大，就会拖慢同时修改的速度。不过，源代码控制的概念对于涉及多人在同一代码库上工作的软件开发来说至关重要。今天，随着更大的代码库分布在更大的开发者社区中，地理上更加分散，这个概念就更加重要了。从 SCCS 到 RCS、CVS 和 Subversion，再到今天默认的标准版本控制系统 Git，有一条清晰的演化路径。

马克·罗奇金德还发明了将正则表达式转换为 C 语言程序的工具。转换出来的程序可以扫描日志，寻找模式匹配，并在发现匹配时输出信息。这想法非常巧妙，阿尔·阿霍、彼得·温伯格和我把它“偷”过来，改成通用版本，应用到awk使用的模式-动作模型中。

PWB还包括一套名为“作家工作台”（Writer's Workbench，WWB）的工具，目标是帮助人们更好地写作。约翰·马希和戴尔·史密斯（Dale Smith）在泰德·杜洛塔（Ted Dolotta）的鼓励下，创建了一组通用Troff命令，即Memorandum Macro[①]或mm包，在AT&T内部和外部广泛用于制作文档。

此外，WWB还提供了拼写检查器，以及用于查找标点符号错误、分离不定式[②]和单词重复（通常是笔误）的多个程序。还有一些工具用于检查语法和风格，以及评估可读性。核心组件是由洛琳达·彻丽编写的parts程序，它能对文本做词类统计。虽然不尽完善，但它可以统计出形容词、复合从句等结构的出现频率。WWB是在20世纪70年代末开发的，当时作家们正开始更频繁地使用计算机写作。WWB获得了媒体青睐，它的两位创造者洛琳达和尼娜·麦克唐纳（Nina McDonald）还受邀在美国全国广播公司（National Broadcasting Company，NBC）电视节目《今日秀》[③]中亮相，与全国观众见面。

1978年，泰德·杜洛塔和马希撰写论文，介绍了支持超过一千名用户的PWB开发环境[④]，借以说明计算硬件如何随时间推移变得更便宜、

---

① 意为“备忘录宏”。——译者注

② 分离不定式（split infinitives）是在不定式（to + verb）中间插入修饰副词的结构，不是一种语法错误。WWB中的gram（grammer的简写）命令能帮助识别误用的冠词和分离不定式。——译者注

③ 《今日秀》（*Today*）是创办于1952年的早间资讯娱乐节目，收视率几乎一直冠绝同类节目。两位作者于1981年5月受邀在该节目中展示了WWB系统。——译者注

④ 准确而言是指在PWB贝尔实验室商业信息系统计划（Business Information Systems Programs）中使用的PWB Unix系统，而不是PWB的开发环境。——译者注

更强大。“以各种衡量标准而言，它都是世界上已知的最大 Unix 装置。”它运行在由 7 台 PDP-11 组成的网络上，共拥有 3.3 MB 主存储器和 20 MB 磁盘。这大概是今天一台典型的笔记本式计算机的千分之一容量。你的笔记本式计算机能支持一百万用户吗？

6.2 高校授权

1973 年，AT&T 开始向高校发放 Unix 许可，只收取象征性的费用，不过大多数许可都针对 1975 年推出的第 6 版。也卖出一些第 6 版商业许可，索价高达 2 万美元，大概等于今时今日的 10 万美元。许可包括所有源代码，但不提供任何支持。

加利福尼亚大学伯克利分校是最活跃的许可获得者之一，该校的一些研究生对系统做出了重大贡献，最终演化出伯克利软件发行版（Berkeley Software Distribution，BSD）。BSD 是由最初的科研版 Unix 演变而来的两个主要分支之一。

图 6-2　比尔·乔伊，约 1980 年（比尔·乔伊供图）

1975 年和 1976 年，肯·汤普森在伯克利度过了一个休假年，教授操作系统课程。有个叫比尔·乔伊（Bill Joy）的研究生（图 6-2）修改 Unix 的本地版本，添加了一些自己的程序，包括 `vi` 文本编辑器（现在仍然是最流行的 Unix 编辑器之一）和 `csh`（C 语言 shell）。

比尔后来为 Unix 设计了至今仍在使用的 TCP/IP 网络接口。有了他的 socket 接口，就能用与文件和设备 I/O 相同的读写系统调用来读写网络连接，因此很容易添加网络功能。

20 世纪 70 年代中后期，比尔时不时会到访贝尔实验室。我记得有一天晚上，他向我展示了他正在研发的新文本编辑器。当时，视频显示终端已经取代了像 Teletypes 这样的纸质终端，能够实现更加互动的编辑风格。

在 ed 和当时的其他编辑器中，用户输入命令来修改所编辑的文本，但它们并不连续地显示文本；相反，如果编辑命令改变了一些文本，就必须明确指示输出修改后的内容。在 ed 中，用户使用命令 s/this/that/p 来将当前行中的 this 替换成 that，并输出结果。其他命令可以修改多行中出现的匹配结果，搜索行，显示行的范围，等等。在专家的手中，ed 很高效，但对于新手来说，界面并不直观。

比尔的编辑器使用光标寻址来更新屏幕上正在编辑的文本，这是对行编辑模式的重大改变：将光标移到 this 一词所在位置（也许是使用正则表达式），输入 cw（change word，意为“改字”）这样的命令，然后再输入 that，this 立即就换成了 that。

我忘了当时给出何等评价（尽管今天 vi 是我最常用的两个编辑器之一），只记得我告诉比尔，他应该停止折腾编辑器，专心完成他的博士学位。他没有理会我的建议，这对大家都是一件幸事。几年后，他从研究生院退学，与人共同创办了工作站先驱 Sun 微系统（Sun Microsystems）公司，公司的工作站软件基于伯克利 Unix，其中就包括比尔在系统、网络和工具方面的基础研发成果（以及他的 vi 编辑器）。

当学生向我寻求职业建议时，我经常引用这个故事——有“智”不在年高。

6.3 用户组和Usenix

由于 AT&T 根本不向 Unix 许可持有人提供任何支持（这个想法并非 Unix 本意），用户被迫联合起来互相帮助，最终推动召开定期会议，开展技术介绍、软件交流，当然还有社交活动。IBM 系统的 SHARE 用户组 1955 年就成立了，现在还很活跃。其他硬件厂商也有用户组。

1974 年，首届 Unix 用户组会议在纽约召开，随后用户组逐渐在世界各地兴起。1979 年，我和肯参加了位于坎特伯雷的肯特大学举办的 UKUUG[①]首届会议。那是我第一次去英国，十分过瘾。我和肯乘坐莱克航空公司班机飞往盖特威克机场。莱克航空是第一家执飞跨大西洋航班的廉价航空公司。我们驱车前往索尔兹伯里，参观了大教堂和巨石阵，然后去坎特伯雷开会（并参观大教堂）。之后我在伦敦待了几天，张大眼睛做游客。

此后，我又以参加 Unix 用户组会议为借口访问了另外几个国家，认识了一些非常好的人。最难忘的是 1984 年去澳大利亚。那次也是和肯一起。会议在悉尼歌剧院（Sydney Opera House）举行。我在第一天上午做了个演讲，之后一周都坐在会议室，从窗户眺望港口——景色如

① 即 UK's Unix and Open Systems User Group（英国 Unix 和开放系统用户组）。——译者注

此迷人，以至于我对其他人的演讲全无印象。

用户组逐渐演变成伞式组织“Unix 用户组”（Unix User Groups）。后来，由于 AT&T 抱怨 Unix 商标被滥用，Unix 用户组最终改名为 USENIX（下文写作 Usenix）。Usenix 现在举办一系列专业会议，出版以“;login:”为名的技术期刊。Usenix 就许多主题开展会议演讲和教程，在传播 Unix 方面发挥了重要作用。它还发布 UUCP，运行 Usenet 新闻系统。

6.4　约翰·莱昂斯的评注

悉尼新南威尔士大学计算机科学教授约翰·莱昂斯（图 6-3）是 Unix 的早期拥趸，在他的操作系统课程以及教育和研究支持中大量使用 Unix。

图6-3　约翰·莱昂斯
（UNSW供图）

1977 年，约翰为第 6 版源代码逐行写了评注。源代码的每一部分都被详细解释，人们可以看清它如何工作，为什么是这样的，以及如何以不同方式完成工作。约翰桃李成林，其中有几个进了贝尔实验室。

初印本《评注》（*Commentary*）分作两卷，一本是代码，另一本是论述，可以对照阅读，不过 1996 年最终出现的审定版（图 6-4）是单卷本。

虽然这本书可以在 Unix 许可持有人之间共享，但从技术上讲，其内容是商业秘密，因为它包含了 AT&T 的专有源代码。至少在理论上，复制受到严格控制；我现在还保留着我的带编号副本（#135）。不过，它在早期被大量复制。图 6-4 所示的封面上的地下出版物画像表明，这种复制是秘密进行的。几年后，米已成炊，约翰的书也正式出版了。

图6-4　约翰·莱昂斯对第6版Unix的评注

1978 年，约翰在墨里山度过了一个休假年，坐在我对面办公室。那间办公室后来属于丹尼斯·里奇。约翰于 1998 年去世，享年 62 岁。新南威尔士大学计算机科学系专设了一个教席来纪念他的贡献。这个教席的资金来自校友和朋友们的捐赠。为此，1998 年泰德·杜洛塔拍卖了他的加利福尼亚州 UNIX 车牌，由约翰·马希拍得。

拜《评注》所赐，Unix源码中的一条注释出了大名。第2 238行写着

```
/* You are not expected to understand this. */
```
[①]

如前所述，丹尼斯于2011年10月去世。次年，在贝尔实验室的纪念聚会上，我以这句话为主题发表讲话，悼念丹尼斯。

Unix内核代码由丹尼斯和肯·汤普森共同编写。据我所知，肯一直完全赞同这样的观点：好代码不需要过多注释。以此类推，伟大的代码根本不需要注释。我认为内核代码中的大部分注释都来自丹尼斯。你可以在第2 238行找到上述注释。它以干脆利落著称。多年以来，它被大量印刷在T恤衫之类地方。正如丹尼斯本人所说：

> "人们经常引用它来抨击贝尔实验室科研版Unix注释的数量或质量。一般来说这样的推断大概不算过分，但就Unix而言纯属无理取闹。"

仔细阅读代码，你可以看到，这条注释紧跟在一条更长的注释后面。那条长注释描述了在两个进程之间交换控制权的上下文切换机制，它确实是想解释一些难以理解的事情。丹尼斯接着说，

> "'不指望你懂'是本着'这个不会考'的初衷说的，并非无礼挑衅。"

---

① 意为"不指望你懂"。——译者注

我在前面提到，Nroff 和 Troff 不易精通。《评注》致谢部分的最后一段表明，约翰会同意这一点：

> “必须提及 Nroff 程序的协助。没有它，本书永远不可能以这种形式出现。然而，它如此不情愿地交出了其不传之秘，以至于作者的感激之情确实是五味杂陈。当然，Nroff 本身必须为未来的程序文档艺术实践者提供一块沃土。”

6.5 可移植性

第 6 版 Unix 主要用 C 语言编写，也使用了有限的汇编语言来辅助实现诸如设置寄存器、内存映射等访问硬件的功能。同时，史蒂夫·约翰逊还创建了新版本的 C 语言编译器，这个版本具有“可移植性”，即可以直接重新针对 PDP-11 以外的架构生成汇编语言。这样一来，只需要重新编译 C 语言程序就可以把它们迁移到其他类型的计算机上。最有趣的移植程序显然是操作系统本身。这是否可行呢？

Unix 的第一次移植由理查德·米勒（Richard Miller）在澳大利亚新南威尔士的伍伦贡大学完成，目标计算机是 Interdata 7/32。米勒没有使用可移植版 C 语言编译器，而是修改丹尼斯·里奇的原始 C 语言编译器代码生成器，将 Unix 移植到 Interdata。他的 Unix 版本在 1977 年 4 月就已经开始工作并能自给自足了。

在不知道米勒做了什么的情况下，史蒂夫·约翰逊和丹尼斯·里奇将 Unix 移植到了类似的机器 Interdata 8/32 上。他们的目标是更具可移植性的 Unix 版本，而不像原来那样逐个做单一机型移植。他们的版本在 1977 年晚些时候开始运行。史蒂夫 • 约翰逊回忆了一些背景。

> “还有一种压力迫使我们让 Unix 变得可移植。DEC 的一些竞争者开始抱怨说，受管制的 AT&T 与 DEC 的关系过于融洽。我们指出，市场上没有其他像 PDP-11 这样的机器，但这种观点越来越没说服力。丹尼斯用一句话就把我勾进了可移植性的工作中：‘我认为，把 Unix 移到另一种硬件上，比重写在不同的操作系统上运行的应用要容易得多’。从那时起，我就全力以赴了。”

可移植性是很大的进步。在此之前，操作系统大多用汇编语言编写，即使是用高级语言编写的，也或多或少地被捆绑在特定的架构上。但米勒以及约翰逊和里奇等人完成相关项目后，将 Unix 移植到其他种类的计算机上虽然仍非易事，但基本可以直接实现。当时新老公司都开始制造比 PDP-11 和 Interdata 等微型计算机更小、更便宜，使用不同处理器的计算机。Unix 变得可移植，对新兴的工作站市场产生了重大影响。

工作站是科学家和工程师的个人用机器，提供强大、通常不共享的计算环境。工作站款型很多，其中 Sun 微系统公司的工作站在商业上最为成功。其他制造商包括硅图（Silicon Graphics）公司、DEC、惠普公司、NeXT，甚至 IBM。20 世纪 80 年代初，第一批工作站的指标是 1 MB 主存储器、100 万像素的显示屏和每秒一百万次浮点运算的速度，即所谓的“3M”[①]机器。相比之下，我的老款MacBook有8GB内存，每秒至少能做10亿次浮点运算；它的显示屏也不过百万像素，但像素点是24位彩色的，不是单色的。

工作站市场之所以出现，是因为技术的改进使人们有可能将强大的计算能力装入尺寸较小的物理包装中，并以适中的价格出售。整个系统的价格能够做到合理，部分原因是包括操作系统在内的软件已经存在。新制造商不需要创造新操作系统——只要将 Unix 及其附带的程序移植到计算机所用的处理器上就可以了。因此，Unix 的出现极大地促进了工作站市场的发展。

IBM 个人计算机（Personal Computer，PC）面世于 1981 年。PC 及许多克隆机的价格通常是工作站的五分之一到十分之一。虽然最初在性能上完全没有竞争力，但它们逐渐改进，到 20 世纪 90 年代末就后来居上了。工作站和 PC 之间的界限最终变得模糊。今天，根据应用领域的不同，计算机上最常运行的是微软 Windows、macOS、Unix 或类 Unix 系统。

① megabyte、megapixel 和 megaflop 的首字母。——译者注

第 7 章　商业化

"随着 Unix 在学术界的传播，企业最终从念大学时用过 Unix 的新聘程序员那里开始了解 Unix。"

——朗讯网站，2002 年

"Unix 和 C 语言是终极计算机病毒。"

——理查德·加布里埃尔，*Worse is Better*，1991 年

有人认为，政府禁止 AT&T 卖 Unix 的原因在于，作为一家受规管的公众垄断企业，如果 AT&T 销售 Unix，就会用电话服务的收入来交叉补贴 Unix 的开发，借此与其他操作系统供应商竞争。AT&T 以 2 万美元的价格向企业客户授权使用 Unix（与收取教育机构象征性的媒介费形成鲜明对比），但数量有限，而且不提供支持。这算是最近乎生意的操作，足以避开规管部门的审查。

7.1　剥离

到了 1980 年，无论是否接受规管，AT&T 的垄断地位都遭到攻击。美国司法部于 1974 年开始对 AT&T 提起反托拉斯诉讼，理由是 AT&T

不仅控制全国大部分地区的电话服务，而且还控制其电话公司使用的设备，因此 AT&T 把持了全国通信。司法部的方案是，应要求 AT&T 剥离其设备制造业务西部电气公司。

AT&T 则建议将公司拆分为提供长途电话服务的 AT&T，以及 7 个提供本地电话服务的地区运营公司（“小贝尔”，Baby Bells）。AT&T 保留西部电气，但各运营公司不再需要向其购买设备。AT&T 还将保留贝尔实验室。

1982 年初，AT&T 与司法部达成同意判决，将自己从地区运营公司中剥离出来，该判决在 1984 年 1 月 1 日生效。

剥离是一场巨变。长远来看，这导致了 AT&T 的不幸。随后 20 年里，错误判断和错误商业选择层出不穷，贝尔实验室当年使命明确、资金充足的形象成了泡影。

1984 年，贝尔通信研究院从贝尔实验室的分拆出来，最初命名为 Bellcore，为各个小贝尔公司提供研究服务。Bellcore 带走了不少人，主要是通信领域的人员，但也有一些 1127 中心的同事，包括迈克尔 • 莱斯克和斯图 • 费尔德曼。一段时间之后，小贝尔们认为他们不再需要 Bellcore 的研究成果。SAIC 收购了 Bellcore，改名为 Telcordia。几经周折，最后瑞典电信公司爱立信买下 Telcordia[①]。

1984 年也是“贝尔实验室”变成“AT&T 贝尔实验室”的一年。根据同意判决，AT&T 只能在特指贝尔实验室时使用“贝尔”一词，而且必须加前缀“AT&T”。公司强烈建议我们永远只说实验室全名。

---

① 爱立信于 2012 年收购 Telcordia，次年将其改名为 iconectiv。——译者注

7.2　USL和SVR4

剥离之后，AT&T 无力或至少无意销售 Unix，这给了早已从科研部门分离出去的另一个部门商业机会。那个部门位于新泽西州萨米特附近的一栋大楼里，在地理上也远离科研部门。那栋楼周围是繁忙的高速公路，所以该部门被非正式地称为“Freeway Island”（高速公路岛）。该机构最初叫 Unix 支持组（Unix Support Group，USG），最后变成 Unix 系统实验室（Unix System Laboratories），或称 USL。第一个 USG 由伯克·塔格（Berk Tague）在 1973 年创办，专注于运营支持系统。随着时间的推移，USG 扩大了其业务范围，开始做对外销售和推广。

Unix 确实有市场。甚至可以说，AT&T 通过向大学生赠送 Unix，无意中创造了这个市场。当大学生进入社会，受雇于有能力支付真金白银的公司时，他们就会需要它。从 1984 年开始，USL 积极营销 Unix，并努力将其改造为专业的商业产品，最终形成名为 System V Release 4，或称 SVR4 的版本。AT&T 投入大量资源，推动这个版本成为标准，并为源码和目标码兼容性提供了参考实现和细致的定义。我认为，这种对标准和互操作性的关注非常重要。

SVR4 发展的来龙去脉，以及 AT&T 在 10 年间与合作者和竞争者的互动，既错综复杂又了无趣味。关于这些事我不想多说什么，因为在某种程度上，这一切都没有意义：业界焦点几乎完全转移到了 Linux 上。维基百科关于 System V 的总结文章，大概是准确的：

“业内分析人士普遍认为，专有 Unix 已经进入了缓慢但永久的衰退期。”

当然，这只关乎“专有”，像下一章介绍的 BSD 那样的开放源码版本还是很活跃。

AT&T 产品系列涵盖操作系统和各种支持软件，包括 C 语言、C++、Fortran、Ada 甚至 Pascal 的编译器，这些软件大部分基于史蒂夫 · 约翰逊的可移植 C 语言编译器。此外，公司还做了大量标准化工作，确保源代码和库中二进制格式的兼容性。

当时，我是本贾尼 • 斯特劳斯特鲁普的部门主管，这意味着会与 USL 频繁交流 C++ 的发展问题。大多数情况下，交流气氛友好，但有时也会出现因科研和产品管理优先级矛盾导致的冲突。1988 年与 USL 经理的一次激烈争论是这样的：

经理：“你们必须修复 C++ 编译器的所有错误，但你不能以任何方式改变编译器行为。”

我：“这不可能。修复缺陷必然导致行为变化，天经地义。”

经理：“布莱恩，你没明白。必须修复错误，但编译器的行为不能改变。”

从学术角度来说，我是对的，但实际上我能理解那位经理的意思——对于那些使用新语言和工具进行软件开发的人来说，过多或过快的变化是个大麻烦。

USL 在日本成立了子公司 Unix Pacific，经理是拉里•克鲁姆（Larry

Crume)。他在贝尔实验室供职多年，与科研部门很多人都熟识。这种关系促成了技术合作，我也因此得到两次公费访日的机会，其中一次是与日本大型电话公司 NTT 交流。交流过程感觉良好，但可以明显感受到论资排辈文化。执行董事和 NTT 同级官员打高尔夫，中心主任和他的同级打网球，像我这样的基层部门主管则被邀请去东京购物。我谢绝了。

虽然 AT&T 的 Unix 商业化努力并不总能成功，但 Unix 的标准化对整个社区来说非常宝贵。科研中心和 USL 之间偶尔会出现紧张关系，但在大多数情况下，USL 有一大批有才华的同事，他们对 Unix 和相关软件系统做出了重大贡献。

7.3 UNIX™

在 Unix 早期的某个时候，贝尔实验室的法定监护人认为，Unix 这个名字是高价值商标，必须加以保护。这无疑是正确的商业决定。他们试图防止这个名字成为可被任何人使用的通用名词，就像阿司匹林（在美国）、自动扶梯、拉链和（最近的）应用商店等词那样[①]。

因此，公司要求贝尔实验室员工正确地使用这个名字。特别地，它不能作为独立名词使用，如“Unix is an operating system”（Unix 是一种操作系统），必须标示商标，而且还只能以大写形容词形式存在于

① asprin 是拜耳公司商标，后成为镇痛药的通用说法；escalator 原为奥的斯（Otis）电梯公司商标；zipper 原为百路驰（Goodrich）轮胎公司商标；App Store 原为苹果公司商标。这些名词因使用普遍，被判定成为通用词，不属特定机构所有。——译者注

“the UNIX™ operating system”（UNIX™操作系统）短语中，这就导致了“The UNIX™ operating system is an operating system”（UNIX™操作系统是一个操作系统）这样的可笑句子。罗布·派克和我不得不为我们1984年出版的*The Unix Programming Environment*（《Unix编程环境》）一书力争命名权，否则，这本书就得叫*The UNIX™ Operating System Programming Environment*了。最终的折中方案是：封面上不出现商标或脚注标记，但在扉页上印了几乎看不见的星号和脚注。

这个臃肿的短语令人痛苦，尤其是对于认真写作的人来说更加如此，所以人们采用一些变通办法和偶尔试探来绕开这个麻烦。例如，在标准Troff宏包`ms`中，迈克尔·莱斯克添加了一个格式化命令，将所有“Unix”字样换成大写，并在它出现（当然也是大写）的第一页自动生成脚注，写明：

† UNIX is a trademark of Bell Laboratories.①

但如果使用该命令时输入某个未在文档列出的参数，它就会输出：

† UNIX is a footnote of Bell Laboratories.②

当我们偶尔使用这个复活节彩蛋的时候，应该不会有人注意到，但在标准宏包中，这些代码仍然存在。

Unix一词在商品和服务上的其他用途与操作系统无关，如图7-1所示的笔、图7-2所示的书柜和图7-3所示的灭火器。它们似乎都是来自美国以外，不受美国商标法管辖。书柜打造于1941年，比肯和丹尼

① 意为“UNIX是贝尔实验室的商标”。——译者注

② 意为“UNIX是贝尔实验室的脚注”。——译者注

斯出生还早。还有个好玩的例子是Unix婴儿尿布，来自一家名为甘帕（Drypers）的公司，他们把Unix当unisex[①]的缩写来用。

图7-1　Unix笔（阿诺德·鲁宾斯供图）

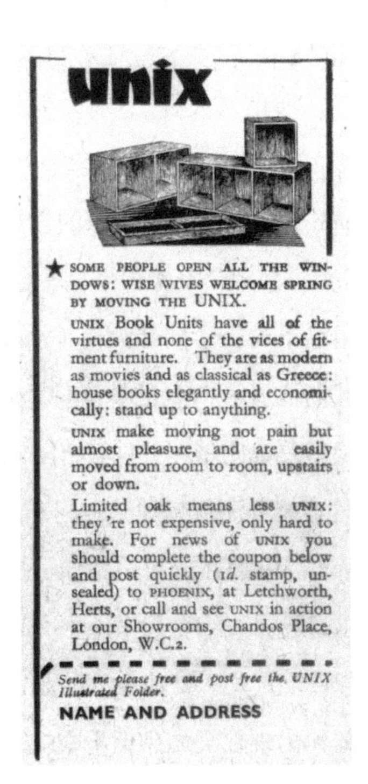

图7-2　Unix分格书柜，1941年（伊恩·伍汀供图）

图7-3　Unix灭火器

① 意为“男女通用”。——译者注

7.4 公共关系

贝尔实验室的访客总是络绎不绝。从 20 世纪 70 年代中期一直到 80 年代，Unix 演示的会议室是访客们经常光顾的一站。一小群访客坐到会议室里，中心成员简要介绍 Unix 是怎么回事，以及为什么它对 AT&T 和世界很重要。我和迈克尔·莱斯克做的演示次数可能比其他人加起来还要多，这可能反映了我俩的性格缺陷：嘴里抱怨不止，实际上却很享受。

访客既有普通人，也有“大腕”。所谓“大腕”，有时候指其颇具权势，有时指对 AT&T 很重要，需要好好伺候，有时只是表示访客有点名气。例如，1980 年，我为 *TV Guide*（电视指南）杂志的创始人沃尔特·安嫩伯格（Walter Annenberg）做过演示。安嫩伯格靠《电视指南》赚到大钱，成功“上位”，做了美国驻圣詹姆士朝廷大使（Ambassador to the Court of St James）[①]。不过在我向他展示 Unix 的神奇时，他早已卸任了。为了凸显他的身份，贝尔实验室总裁比尔·贝克亲自陪同。

我的拿手好戏是展示如何使用管道将程序流畅地结合起来，迅速完成临时任务。我用 shell 脚本来查找文档中潜在的拼写错误，资以作为长管道的佳例，说明既有程序如何以奇异方式组合起来。

`spell` 脚本最初由史蒂夫·约翰逊编写。其基本思路是，将文档中的单词与词典中的单词做比对。任何出现在文档中但不在词典中的单

---

① 圣詹姆士宫是英国君主的正式王宫。法律上，各国驻英最高使节的正式名称都是驻圣詹姆士朝廷大使而非驻英大使。——译者注

词都有可能是拼写错误。这个脚本大概是这样的：

```
cat document |
tr A-Z a-z |            # 转换为小写
tr -d ',.:;()?!' |      # 移除标点符号
tr ' ' '\n'             # 将单词切割为每行一个
sort |                  # 对单词做排序
uniq |                  # 去重
comm -1- dict           # 输出可输入但在词典中不存在的单词
```

所有这些程序都是现成的。其中最特别的是 comm，用来查找两个已排序的输入文件的相同内容行，或者查找只在其中一个文件中存在的行，诸如此类。本例中的词典是 /usr/dict/web2 文件，里面列出了前文提到的 *Webster's Second International Dictionary* 中的单词，每行一个。

有一天，我被安排为威廉·科尔比（William Colby）做演示，他当时是中央情报局（The Center Intelligence Agency，CIA）局长，因此显然是个重要人物。陪同他的仍然是比尔·贝克。作为总统国外情报顾问委员会（President's Foreign Intelligence Advisory Board）的负责人[①]，比尔本身也拥有相当的情报资质。

我想展示 Unix 如何让某些种类的编程变得简单，但 spell 脚本的速度不是特别快，而且我也不想干等着，所以我提前运行脚本，将输出结果捕获到文件，然后写了个新脚本。新脚本的任务是休眠两秒，跟着将前一天计算的结果输出。

```
sleep 2
cat previously.computed.output
```

① 事实上威廉·贝克只担任过该委员会成员，没有担任过负责人。本书作者可能记错了。——译者注

演示效果很好。如果科尔比先生多少听懂了一点的话，他一定会认为拼写检查脚本运行得足够快。当然，对于看过任何演示的人来说，这里有个教训：眼见未必为实！

公关部门还制作了宣传片，讲述贝尔实验室的丰功伟绩，其中就有几部着重介绍Unix。多亏有YouTube，我还能看到老朋友们（和我自己）年轻时头发浓密的样子。

公司甚至还投放了一连串的Unix平面广告。图7-4所示的广告中的儿童积木是我的主意，优劣暂且不论。背景是我提供的Troff文档，显示得不是很清楚。

图7-4　Unix积木，约1980年（贝尔实验室供图）

第 8 章　派生物

“……万物肇始于至简，演化得极尽奇美，而且继续演化着。”

——查尔斯·达尔文，《物种起源》

（*The Origin of Species*），第 14 章，1859 年

1969 年，Unix 诞生于计算科学研究中心。除了 PWB 这类支持程序员工作的内部版本，从 1975 年开始，外部版本也出现了，最初是基于第 6 版，然后是基于 1979 年的第 7 版。

第 7 版是最后一个发布并被广泛使用的 Unix 科研版本。后来又开发了 3 个内部使用的版本（顺理成章地被叫作第 8 版、第 9 版和第 10 版），但当第 10 版在 1989 年末完成时，很明显 Unix 开发的重心已经转移到了其他地方。

从第 7 版开始有两条发展线：一条来自伯克利，它以比尔·乔伊及其同事的工作为基础；另一条来自 AT&T，因为 AT&T 试图将 Unix 的专业知识和所有权做成一桩有利可图的生意。图 8-1 所示的时间线是简图，略去了许多系统。现实中的情况更为复杂，尤其是在各版本如何互动方面。

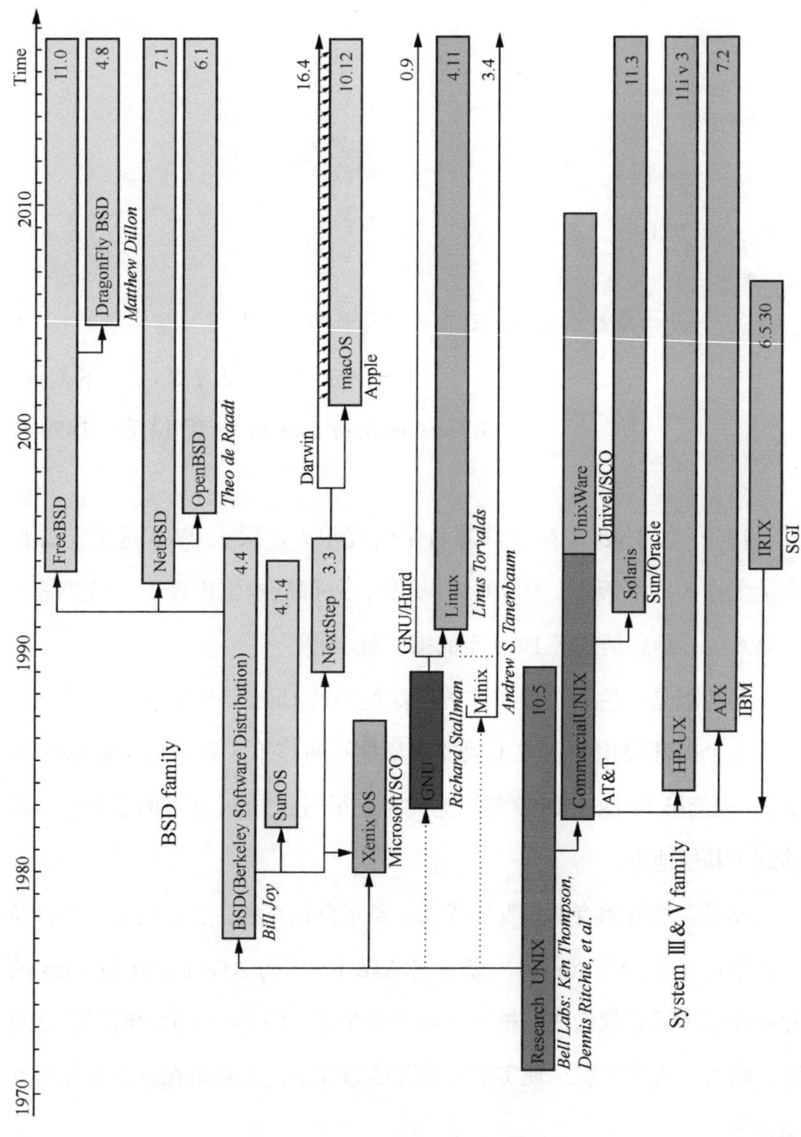

图 8-1　Unix 发展时间线（维基百科）

8.1　伯克利软件发行版

1978 年，DEC 公司推出新款计算机 VAX-11/780。VAX 是一种 32 位机器，其内存和运算能力大大超过 PDP-11，同时与 PDP-11 保持兼容。16 位计算机使用 16 位内存地址，而 32 位计算机使用 32 位内存地址，因此可以寻址更多的主存储器。VAX-11/780 刚出现时，新泽西州霍姆德尔贝尔实验室研究员约翰·赖泽（John Reiser）和汤姆·伦敦（Tom London）将 Unix 第 7 版移植到 VAX 上，但他们的版本 32/V 并没有使用新机器的虚拟内存功能，因此未能充分利用 VAX 的能力。

加利福尼亚大学伯克利分校计算机系统研究组（Computer Systems Research Group）的比尔·乔伊和他的同事们在赖泽和伦敦的 32/V 基础上添加了虚拟内存使用代码。这个版本很快就取代 32/V，而 VAX 本身也成了大多数用户的主要 Unix 机器，PDP-11 渐渐被淘汰。伯克利版本被打包并采用 BSD（伯克利软件发行版）授权发行给 Unix 用户。BSD 的后裔如今仍然活跃，FreeBSD、OpenBSD 和 NetBSD 等变种都在继续发展。苹果公司的 Darwin（macOS 的核心）所使用的 NextSTEP 也是 BSD 的衍生版本。

SunOS 在早期伯克利版本基础上发展而来，被用在由比尔·乔伊共同创办的 Sun 微系统公司的计算机上。其他发行版在几年后分离出来，形成了上述 BSD 变种。所有这些版本归根结底都是对 Unix 的重新实现，虽然提供相同功能，但使用了全新代码。一旦重新编写，它们就不包含 AT&T 的代码，不会侵犯 AT&T 的知识产权。

另一个副产品是为史蒂夫·乔布斯（Steve Jobs）在 1985 年创办的

NeXT 计算机公司创造的。NeXT 工作站拥有多种创新功能，是苹果用户所熟悉的优雅而精致的工业设计的早期范例。1990 年 12 月 11 日，我在贝尔实验室观看乔布斯演示 NeXT。机器非常漂亮。记忆中，那是我唯一一次对科技小玩意儿产生“想要一台”的想法。我显然是被著名的“乔布斯现实扭曲场”所魅惑。3 年后，当他来实验室再做演讲时，并没有达到这种效果，我甚至不记得他展示了什么。

虽然 NeXT 计算机公司本身未能取得商业成功，但 1997 年该公司被苹果公司收购，乔布斯也随之回归，并在一年内重任首席执行官。在 Objective-C 程序中，人们仍然可以从 `NSObject` 和 `NSString` 等名称上看到 NextSTEP 操作系统的遗留影响。

图 8-1 所示的时间线揭示了另一鲜为人知的事实：在 20 世纪 80 年代，微软发行了名为 Xenix 的 Unix 版本；图 8-2 所示为当时一则广告

图 8-2　Xenix：微软的Unix版本

的部分内容。人们不禁要问，如果微软公司主推 Xenix 而不是自己的 MS-DOS，如果 AT&T 更容易打交道，今天的世界会有多大不同？在 20 世纪 80 年代中后期，以安装计算机数量计，Xenix 是最普遍使用的 Unix 变种。据 Unix 遗产站（The Unix Heritage Society）记载，圣塔克鲁兹公司（Santa Cruz Operation，SCO）后来收购了 Xenix。

8.2　Unix战争

在 20 世纪 80 年代后期，许多 Unix 系统的供应商使用 Unix 商标名称，并提供起码是源自贝尔实验室第 7 版系统的软件。然而，版本之间，尤其是 AT&T 的 System V 和伯克利发行版之间，存在不兼容问题。所有各方都同意，急需制订一套共同标准。至于标准该是什么样子，当然没有统一意见。

行业联盟 X/Open 成立于 1984 年，冀望于打造标准源代码环境，使程序代码无需修改即可在任何 Unix 系统上编译。

AT&T 和一些盟友成立了自己的团体 Unix 国际（Unix International），颁布标准，与开放软件基金会（Open Software Foundation）制订的标准对打，结果是出现了两个相互竞争的不同“开放”标准。POSIX（Portable Operating System Interface，可移植操作系统接口）标准和由 X/Open 管理的“单一 Unix 规范”（Single Unix Specification）诞生了。前者用于基本的库函数，后者为各个 Unix 版本的库、系统调用和大量常用命令（包括 shell、awk、`ed` 和 `vi`）规定了统一标准。

1992 年，USL 和 AT&T 就侵犯 Unix 知识产权为由起诉伯克利，声称伯克利未经许可使用 AT&T 的代码。伯克利对 AT&T 的代码做了大量修改，并增加了许多有价值的内容，包括令人们能够访问互联网的 TCP/IP 代码。

伯克利持续删除和重写来自 AT&T 的代码，并在 1991 年发布了他们认为不包含 AT&T 专利材料的 Unix 版本。AT&T 和 USL 并不认可，诉讼随之而来。经过一番周折，案件在新泽西州法院审理，伯克利胜诉，部分原因是 AT&T 没有在其发布的代码上加上适当的版权声明。反诉随之而来。

如果你觉得这一切听起来超级复杂、枯燥，那就对了。但这在当时是一件大事，各方都浪费了很多时间和金钱。1991 年，AT&T 将 USL 的股份卖给 11 家公司。1993 年，网威（Novell）公司买下 USL 和 Unix 的版权。也许是意识到有关各方花在律师身上的钱比他们在销售中可能收回的钱还要多，网威公司首席执行官雷・诺达（Ray Noorda）决定解决掉所有官司。

回过头来看，我想可以说，AT&T 早期几乎是偶然地决定向高校提供 Unix，导致了所有这些法律纠纷。随着 Unix 从免费使用的高校传播到愿意付费的公司，它在商业上变得可行，至少是可能可行。但时机已过，无法进行有效保护。即使 AT&T 的源代码受到保护，系统调用接口实际上也是在公共领域，而且社区中存在着大量的专业人士，创建不受 AT&T 许可约束的版本几乎是手到擒来。编译器、编辑器和所有工具等应用软件也是如此。皇冠上的珠宝不翼而飞后，AT&T 才想起来去锁谷仓大门，为时已晚。

8.3 Minix和Linux

AT&T 试图从软件中赚钱，对 Unix 的许可限制越来越多，其中也包括高校如何使用 Unix 的限制。BSD 没有这种限制，优势顿显。同时，AT&T 和 BSD 之间争斗不断，也推动其他人试着推出自己的类 Unix 系统。独立创建的版本不受商业限制，因为它们只使用系统调用接口，而不使用其他人的代码。

1987 年，安迪・塔嫩鲍姆在阿姆斯特丹自由大学创建 Minix。Minix 形似 Unix，在系统调用层面兼容 Unix，但完全重新编写，采用不同的内核组织方式。

Minix 相对较小，为了帮助它的传播，安迪写了本教科书，对标 10 年前莱昂斯那本 Unix 评注。Minix 源代码免费提供——其中一版书附赠十几张软盘，可以加载到 IBM PC 上，运行 Minix。我现在还保留着安迪那本书的首版，甚至可能还有 Minix 软盘。

今天，Minix 依然“健在”，用于操作系统的教学和实验。

一位 21 岁的芬兰大学生，不满 AT&T 限制性许可，受 Minix 鼓舞，独立开发出一套类 Unix 系统，在系统调用层面上兼容 Unix。1991 年 8 月 25 日，林纳斯・托瓦兹（Linus Torvalds）在 Usenet 新闻组 comp.os.minix 上发布了一个项目，如图 8-3 所示。

```
Hello everybody out there using minix -

I'm doing a (free) operating system (just a hobby, won't be
big and professional like gnu) for 386(486) AT clones.  This
has been brewing since april, and is starting to get ready.
I'd like any feedback on things people like/dislike in
minix, as my OS resembles it somewhat (same physical layout
of the file-system (due to practical reasons) among other
things).

I've currently ported bash(1.08) and gcc(1.40), and things
seem to work.  This implies that I'll get something
practical within a few months, and I'd like to know what
features most people would want.  Any suggestions are
welcome, but I won't promise I'll implement them :-)

                Linus (torv...@kruuna.helsinki.fi)

PS.  Yes - it's free of any minix code, and it has a
multi-threaded fs.  It is NOT protable (uses 386 task
switching etc), and it probably never will support anything
other than AT-harddisks, as that's all I have :-(.
```

致 Minix 用户：

我正在做一个 386（486）AT 克隆机的（免费）操作系统（只是爱好，不会像 gnu 那样大而专业）。从 4 月开始酝酿，现在开始准备了。我想知道大家对 Minix 里面喜欢 / 不喜欢的东西有什么反馈，因为我的操作系统和它有些相似（同样的文件系统物理布局（基于务实原因））。

目前我已经移植了 bash（1.08）和 gcc（1.40），看来一切正常。这意味着我将在几个月内得到一些实用的东西，我想知道大多数人想要什么功能。欢迎任何建议，但我不会保证我会实现它们。:-)

林纳斯（torv...@kruuna.helsinki.fi）

又及：是的，它没有用任何 Minix 代码。有多线程的 fs。它不可移植（使用 386 任务切换等），而且它可能永远只支持 AT 硬盘，因为我只有这东西 :-(。

图 8-3　林纳斯 • 托瓦兹的 Linux 宣告，1991 年 8 月

如同当年肯和丹尼斯没能预测 Unix 的成功一样，托瓦兹也没料到，他做着玩儿的系统竟然有着非凡未来。系统代码从最初的几千行发展到如今超过两千万行。托瓦兹（图8-4）是主要开发者，也是全球开发者社区的协调人，负责维护和增强这个系统。托瓦兹也是 Git 的创造者。Git 是软件系统中使用最广泛的版本控制系统，用于跟踪代码变化，当然也包括 Linux 的代码变化。

图8-4　林纳斯・托瓦兹在2014年（维基百科）

Linux 已成为商品化操作系统，可以在任何类型的计算机上运行。它被安装到数十亿台设备上（例如所有的 Android 手机）。它运行着互联网基础设施的很大一部分，包括谷歌、Facebook、亚马逊等主要业务的服务器。它还在许多物联网（Internet of Things，IoT）设备内部运行——我的汽车运行 Linux，我的电视、你的 Alexa 和 Kindle 以及你的 Nest 温控器也运行着 Linux。在运算力光谱的另一端，它是世界前 500 名超级计算机的操作系统。然而，在笔记本式计算机和台式计算机等市场上，它无足轻重：在那里，大多数人使用 Windows，其次是 macOS。

事到如今，像 C 标准库或操作系统的系统调用这样的编程接口是否该受版权保护，已成了甲骨文（Oracle）公司与谷歌公司没完没了打官司的焦点问题。甲骨文公司在 2010 年收购 Sun 微系统公司，从而成为 Java 语言的所有者。当年晚些时候，它起诉谷歌公司，声称谷歌公司未经许可在 Android 手机中使用了甲骨文公司享有版权的 Java 接口和一些专利所有权。谷歌公司赢了这场官司，法官裁定甲骨文公司专利权利要求无效，Java API 不能获得版权保护。

甲骨文公司提出上诉，官司再起。谷歌公司再赢，但甲骨文公司再上诉，这次上诉法院判决甲骨文公司胜诉。谷歌公司要求在最高法院陈述案情，希望明确 API（而不是实现！）不受版权保护，从而不至于阻止其他机构利用接口规格创建相似系统。

披露：我签署了几份支持谷歌公司的法庭之友陈述[①]，因为我相信 API 不该有版权。如果 API 有版权，我们就不会有与 Unix 相似的各种操作系统，包括 Linux 在内，因为它们全是基于 Unix 系统调用接口的独立实现。我们可能也不会有 Cygwin 这样的软件包，它是 Unix 实用程序的 Windows 实现，为 Windows 用户提供了类似 Unix 的命令行界面。事实上，如果接口的独立实现可以被宣告所有权的公司所限制，我们就不太可能有很多独立实现。

行笔至此时，最高法院尚未决定是否审理此案。我们将拭目以待，因为一旦法院做出决定，那就是终局，除非国会明确修改法律。当然，谁也不知道在其他国家会发生什么。

8.4 Plan 9

20 世纪 80 年代中后期，1127 中心放缓 Unix 研发进度。第 7 版已

① 法庭之友陈述（amicus briefs）是诉讼双方以外的第三方向法庭提交的陈述文件，提供相关意见，供法庭裁决时参考。——译者注

于1979年发布，这一版被广泛发行，并构成了大多数外部版本的基础。6年后，第8版于1985年问世，第9版于1986年问世，第10版是最后的科研版本，于1989年完成，但没有对外发行。

当时的看法是，Unix已是成熟的商业系统，不再适合承载操作系统研究任务。一小群人——肯·汤普森、罗布·派克、戴夫·普雷索托（Dave Presotto）和霍华德·特里基——抱团开发新的操作系统，他们称之为贝尔实验室的Plan 9。项目名字源自1959年的科幻电影《外太空第九号计划》（*Plan 9 from Outer Space*）。（这部电影业已获得"烂片之王"的美誉——当然是经过激烈的竞争之后——有些影迷认为它烂到极点，反而显出一种奇怪的好来。）

Plan 9操作系统力图进一步完善Unix。例如，在Unix中，设备是文件系统中的文件。在Plan 9中，进程、网络连接、窗口系统屏幕和shell环境等更多数据源和数据转存器也是文件。Plan 9从一开始就以可移植为目标，其单一源码可以编译到任何支持的架构上。Plan 9的另一突出特点是对分布式系统的支持。不同架构的不相关系统上的进程和文件可以像在同一系统中那样一起工作。

Plan 9于1992年提供给高校使用，几年后公开发布，用于商业用途，但如今只有一小部分爱好者使用。主要原因可能是Unix和持续增长的Linux势头太猛，没有令人信服的理由让大多数人换系统。可能还有一个较小的原因：它过于特立独行。Plan 9的机制在很多情况下都比Unix等价物要好，也没有尝试去提供兼容性。例如，Plan 9最初未提供C标准的I/O库stdio，而是使用了名为bio的新库。bio比stdio更整洁、更规范，但如果没有标准库，想把程序改成同时能在

Unix 和 Plan 9 上运行就得花大力气。同样，新版本的 Make 叫 Mk，它在很多方面都很优秀，但不兼容 Make，既有的 makefile 必须完全重写。

虽然有转换机制，霍华德·特里基（图 8-5）也移植了一些关键的库，如 stdio，但至少对于包括我在内的一些潜在用户来说，使用 Plan 9 太费劲了。因此，Plan 9 无法得益于很多优秀的 Unix 软件，更难将其软件创新成果输出到主流 Unix 世界。

图 8-5　霍华德·特里基，约 1981 年
（杰勒德·霍尔兹曼供图）

不过，Plan 9 确实为世界贡献了一件无比重要的东西：Unicode 的 UTF-8 编码。

Unicode 致力于为人类曾用来书写的所有字符提供单一标准编码，包括大多数西方语言中的字母文字，也包括中文这样的表意文字，楔形文字这样的古代文字，各种特殊字符和符号，以及新近发明的表情符号等。目前 Unicode 有近 14 万个字符，而且这个数字还在缓慢而稳定地增长。

Unicode 最初是 16 位字符集，足以容纳所有字母文字和大约 3 万个中文和日文字符。但是，当时大多数计算机文本采用 ASCII（7 位字符集），全体转为 16 位字符集并不可行。

肯·汤普森和罗布·派克为这个问题头疼，因为他们决定 Plan 9 将全程使用 Unicode 而非 ASCII。1992 年 9 月，他们提出 UTF-8 方案。UTF-8是一种巧妙的Unicode可变长度编码，在空间和处理时间上都很有效率。它将每个ASCII字符表示为单个字节，而其他字符只使用2个或3个字节，最多不超过4个字节。编码紧凑，而且ASCII成了天然合规的UTF-8。UTF-8可以边读取边解码，因为没有任何合法字符是其他字符的前缀，也没有任何字符是其他字符或字符序列的一部分。今天互联网上几乎所有的文本都用UTF-8编码，遍处皆是，人人使用。

8.5　流散

1996年，AT&T再次拆分，这次是主动拆分为3个部分。拆分过程需要用一个新词来形容——“三分方案”（trivestiture）。第一部分还是AT&T，侧重于长途电话和通信。第二部分变成了朗讯科技公司，它实际上是西部电气的业务延续，专注于制造电信设备。（该公司有句口号是“我们的产品造就通信”。）第三部分意在补救1991年对NCR的错误收购，当时AT&T正试图进入计算机业务。

贝尔实验室员工对三分方案基本持怀疑态度。对新公司名称和徽标的宣传遭到了一些人的嘲笑。图8-6所示为1996年大张旗鼓宣布的朗讯火红徽标，很快就有人给它起了许多怪名字，此处不一一述及。图8-7所示为不久后出现的一幅“呆伯特”（Dilbert）漫画，表现得很到位。

图8-6　朗讯科技徽标

图 8-7 “呆伯特”的朗讯徽标？（DILBERT © 1996 Scott Adams.
经 Andrews Mcmeel Syndication 授权使用，所有权保留）

三分方案将贝尔实验室研究中心按照职能线进行了拆分，计划让大约三分之一的研究人员去 AT&T，成立 AT&T 实验室（即现在的 AT&T 香农实验室），剩下的“贝尔实验室”划归朗讯。大多数情况下，人们都会听天由命，但 1127 中心成员惯于抵制管理层命令，对中心的强行拆分表示强烈不满。见我们态度强硬，管理层勉强同意让大家自己选择。每个人都得即时决定是跟 AT&T 走还是留在朗讯。最终，大致还是按原计划做了 1∶3/2∶3 比例分拆，但每个人可以决定自己的去向，至少短期如此。

相关各方最后都泥足深陷。AT&T 最终被原小贝尔之一的西南贝尔（Southwestern Bell，即现在的 SBC 通信）收购。SBC 用 AT&T 的名称、徽标，甚至是早在 1901 年就已经使用的股票代码“T”重塑了自己的品牌。

朗讯业务起起落落，中途还实施了一些存疑的商业操作。在挣扎求生的过程中，它于 2000 年将企业通信服务业务分拆为一家名为亚美亚（Avaya）的公司，并于 2002 年将其集成电路业务分拆为另一家名为杰尔（Agere）的公司。每一次拆分都有更多人员从贝尔实验室撤出，实验室研究范围一再缩小，当然能够支持长期工作的财务基础也一并缩减。杰尔公司最终被吸收到巨积（LSI Logic）公司。在经历了一些重大的起伏甚至包括破产之后，亚美亚仍然作为一家独立的公司在经营。

2006 年，朗讯与法国电信公司阿尔卡特（Alcatel）合并成立阿尔卡特-朗讯（Alcatel-Lucent），而阿尔卡特-朗讯又在2016年被诺基亚收购。贝尔实验室在合并和收购的浪潮中载浮载沉，大部分曾参与 Unix 研发和在 1127 中心工作的人逐渐流散了。在 2005 年的一次重组中，1127 这个数字本身也不复存在。

杰勒德·霍尔兹曼维护着一份 1127 中心老同事的在线名单。太多的人已经离世，活着的人里面许多去了谷歌公司；其他人则在别的公司工作，也有人教书或退休。只有极少数人留在贝尔实验室。

第9章　遗产

"Unix 不仅是对其前辈的改进，也是对其大多数后续产品的改进。"

——道格·麦基尔罗伊，在 2011 年 5 月为

丹尼斯·里奇举办的日本奖颁奖礼上的发言，

转述托尼·霍尔（Tony Hoare）对 ALGOL 语言的看法

Unix 取得了巨大的成功。Unix 或 Linux 或 macOS 或其他变种运行在数十亿台计算机上，持续为数十亿人服务，当然也为在它之上构建业务的人赚取了数十亿美元（尽管其创造者并未从中获利）。后来的操作系统受它影响极深。

贝尔实验室为 Unix 开发的语言和工具随处可见。在这些编程语言中，有 C 语言和 C++，它们至今仍是系统编程的中流砥柱，还有如 awk 和 AMPL 等更专门的语言。核心工具有 shell、diff、grep、Make 和 Yacc 等。

GNU（"GNU's not Unix" 的递归缩写[①]）是一个大型软件集合，大部分基于 Unix 模式，以源代码的形式免费提供给所有人使用：有了它，Unix 上几乎所有东西都可以使用，甚至包括更多工具。GNU 加上

① 这句话每个单词首字母合起来也是 GNU。——译者注

Linux操作系统，相当于免费版的Unix。Unix命令的GNU实现是开源的，可以被使用和扩展。唯一的限制是，如果发布了改进，成果必须免费提供给每个人，不可以私有。当今大量的软件开发都基于开源项目，在很多情况下就是基于 GNU 的实现。

Unix 的成功原因何在？是否有一些想法或教训可以在其他环境中学习和应用？我认为至少在两个方面答案是肯定的：技术方面绝对有，组织方面也有。

9.1 技术方面

本书前几章已经讨论了来自 Unix 的重要技术思想，本节做简单总结。当然，并非一切都源于 Unix。肯・汤普森和丹尼斯・里奇的部分天才之处在于，他们善于挑选既有的好点子，而且能够洞察普遍概念或统一主题，将软件系统加以简化。人们有时会用代码行数来评价软件的生产力。在 Unix 的世界里，生产力却往往以删除了多少特殊情况或代码行数来衡量。

分层文件系统是对既有做法的重大简化，尽管事后看来，它显而易见——你还会想要什么？ Unix 文件系统提供直截了当的视角：从根目录开始，每个目录要么包含文件的信息，要么包含容纳更多目录和文件的目录信息，而不是由操作系统来管理不同类型文件的属性，也不限制文件在目录中嵌套的深度。文件名只是从根目录开始的路径，各组成部分用斜线隔开。

文件包含未被解释的字节，系统本身不关心这些字节是什么，也不知道它们的意义。

文件的创建、读取、写入和删除只需六七个系统调用即可完成。屈指可数的权限位定义了访问控制，能够满足大多数目的。像可移动磁盘这样的存储设备可以挂载在文件系统上，从逻辑上讲，就成了文件系统的一部分。

自然，也有一些不规范的地方。让设备出现在文件系统中是一种简化做法，但对它们的操作，尤其是对终端的操作，会有特殊情况，接口混乱的状况延续至今。

我指的是文件系统的逻辑结构。有很多方法可以实现这个模型，事实上，现代系统支持各种各样的实现，呈现出相同接口，但用不同的代码和内部数据结构来实现。看看你的计算机，你会看到有多种设备使用这种模式：硬盘、U 盘、SD 卡、相机、手机等。Unix 的高明之处在于选择了足够普适的抽象概念，既能发挥巨大的作用，又不至于在性能上付出太大代价。

高层级的实现语言当然是为用户程序服务的，但也是为操作系统本身服务的。这个想法并不新鲜：它已经在 Multics 和几个早期的系统中尝试过，但时机和语言都尚未完全准备好。C 语言比它的前辈们更适合，它让操作系统具备可移植性。曾几何时，世上只有硬件制造商的专有操作系统，配备专有语言，而 Unix 则成为开放的、被广泛理解的标准，然后变作一种商品：系统只需稍加改动就可在所有计算机上使用。客户不再被束缚在特定硬件上，制造商也不再需要开发自己的操作系统或语言。

用户级的可编程 shell 具有控制流语句和方便的 I/O 重定向功能，

使得将程序作为构件进行编程成为可能。随着 shell 编程能力的增强，它成为程序员工具箱中的另一种高级语言。而且，因为它是用户级程序，不是操作系统的一部分，所以任何人只要有更好的想法，就可以对它进行改进和替换。从最初的 Unix shell 到 PWB、伯恩的 shell 和比尔·乔伊的 csh，再到今天百花齐放，说明了它的好处，当然也有一些缺点——太容易繁殖出互不兼容的版本。

管道是典型的 Unix 发明，是临时连接程序的一种优雅而高效的方式。让数据流过一系列处理步骤，又自然又直观；语法异常简单；管道机制与小工具集合完美契合。当然，管道并不能解决所有的连接问题，但道格·麦基尔罗伊最初概念中完全通用的非线性连接在实践中并不经常出现，线性管道几乎总是足敷使用。

将程序当作工具并组合使用是 Unix 的特色。编写各自做好一件事的小程序，而不是功能繁多的单个大程序，有很多好处。当然，有些时候单体程序有其意义，但能让普通用户以新奇方式组合使用的小程序集合优势明显。

实际上，这种方法是整个程序层面的模块化，平行于程序内功能层面的模块化。无论哪种模块化，思路都是分而治之，因为各个组件都更小，而且不相互影响。它还允许混搭使用，大程序中很难实现这种能力，因为大程序试图在单个包中做太多不同的事情。

普通文本是标准数据格式。文本的普遍使用是一种极大的简化。程序读取字节，如果它们的目的是处理文本，那么这些字节将采用标准表示方式，通常是长短不一的行，每行均以换行符结束。这种做法并非万能，但几近普适，且不必付出太多空间或时间代价。因此，所有这些小工具单独使用或组合起来，就能处理任何数据。

不妨猜猜看：如果 Unix 是在使用穿孔卡而不是电传打字机的世界里开发出来的，会有什么不同结果呢？穿孔卡实际上强迫人们形成一种世界观，一切都以 80 个字符为单位，而信息通常都位于这些字符块的固定字段中。

能写程序的程序是威力强大的理念。我们在计算领域取得的大部分进步都在于实现机械化——让计算机为我们做更多的工作。手工编写程序很困难，所以如果能让程序来为你编写程序，可谓大胜。这样做更省力，而且生成的程序更有可能是正确的。

编译器当然算是比较老的例子，但在更高的层面上，Yacc 和 Lex 是生成代码、创建编程语言的典范。shell 脚本和 makefile 等自动化和机械化工具实际上也是创建程序的程序。这些工具今天仍然被广泛使用，有时以尺寸庞大的配置脚本和 makefile 生成器的形式，与 Python 等语言的源代码发行版和 GCC 等编译器一起出现。

专用语言，今天常被称为小语言（little language）、领域特定语言（domain-specific language）或应用特定语言（application-specific language）。我们通过语言告诉计算机应该做什么。对于大多数程序员来说，这意味着使用像 C 这样的通用语言，但另外还有许多更专业的语言，它们专注于更狭窄的领域。

shell 就是好例子：它是用来运行程序的，而且它在这方面非常擅长，但你不会想用它来写浏览器或视频游戏。当然，专业化是古老的概念，最早的高级语言都是针对特定目标的，如 Fortran 针对科学和工程计算，COBOL 针对商业数据处理。妄图“上下通吃”的“语言先烈”

也不罕见，PL/I 就是其中之一。

Unix 对特殊用途语言的支持由来已久，并非仅有 shell。我所熟悉的文档编制工具就是很好的例子，计算器、电路设计语言、脚本语言和无处不在的正则表达式也是如此。有这么多语言的原因之一是，人们开发了一些工具，非专家也能创建它们。Yacc 和 Lex 正是绝佳例子，它们本身也正是专用语言。

当然，语言不必非得体现高超科技。史蒂夫·约翰逊仅用一晚时间就打造出第一个版本的 at 命令：

> “Unix 有一种在非上班时间运行计划任务的方法，这样，长时间的任务就不会影响人们的工作（记住，有十几个人共用 Unix 机器）。要想让任务稍晚再运行，需要编辑系统文件，并以相当晦涩的格式填写信息表。有一天，在与系统文件搏斗时，我听到自己喃喃自语‘我想让这个任务在凌晨 2 点运行’。突然，我意识到，可以将任务信息归纳为简单的句法：‘at 2AM run_this_command’。我花几个小时就搞出一版，并在第二天早上的‘当日消息’文件中进行了宣传。”

at 命令在 40 多年后仍在使用，变化不大。如同其他一些语言，其句法是一种像是在大声说话的风格化英语。

Unix 哲学是关于如何处理计算任务的编程风格。这是道格·麦基尔罗伊在《贝尔实验室技术杂志》（*Bell Labs Technical Journal*）Unix 特刊的前言中总结出来的。

（i）让每个程序做好一件事。要做一件新的工作，就构建新程序，而不是通过增加新“特性”使旧程序复杂化。

（ii）预期每个程序的输出都能成为另一个未知程序的输入。不要用无关的信息来干扰输出。避免使用严格的分栏对齐或二进制输入格式。不要执着于交互式输入。

（iii）设计和构建软件，甚至是操作系统，要尽早试用，最好是在几周内就用起来。大刀阔斧砍掉笨拙的部件，重建它们。

（iv）宁可绕道构建用后即弃的工具来减轻编程负担，也别依赖经验欠奉的帮助。

这些编程格言并不总被遵守。举例：我在第 3 章中提到的 `cat` 命令。那个命令只做了一件事，把文件输入或标准输入复制到标准输出。今天，GNU 版本的 `cat` 有（我可没瞎编）12 个选项，用于诸如对行编号、显示非输出字符、删除重复空行等任务。所有这些都可以用现有的程序轻松处理。这些选项与复制字节的核心任务无关，而且将基本工具复杂化似乎会适得其反。

Unix 哲学当然不能解决所有编程问题，但它确实为系统设计和实现提供了有益的指导。

9.2　组织

我相信，Unix 成功的原因还有一大部分来自非技术因素，如贝尔实验室的管理和组织结构，1127 中心的人际环境，以及一群人才聚在一起解决不同问题时的思想交流。这些因素比技术概念更难评估，所以必然只能从更为主观的角度来考察。与上一节一样，相关内容大多已在前文提到。

稳定的环境至关重要：资金、资源、任务、组织结构、管理、文化都应持续和可预测。如第 1 章所述，贝尔实验室的科研工作是大公司内部大型开发组织的大规模行动，具有悠久历史和明确使命：普遍服务。贝尔实验室的长期目标是不断改进电话服务，这意味着研究人员可以长期甚至年复一年地探索他们认为重要的想法，而不必每隔几个月就向人证明自己在努力。当然也有监督，任何人在一个项目上工作了几年而没有任何成果，都会被要求做出改进。偶尔会有人被调离研究岗位或干脆被赶出公司，但在我 15 年的管理生涯中，这种情形屈指可数。

经费有保障，研究人员不用考虑钱的问题。我在部门负责人任上时，也没担心过钱的问题。当然，确实会有人去操办这些事，但研究员们不必费心。当时没有研究计划书，没有季度进度报告，也不需要在工作前寻求管理层的允准。在我担任部门主管的某段时间里，的确开始需要编写部门活动的半年期报告，为此我让每位部门成员都写了一段。然而，收集资料只是为了提供信息，而不是为了评估业绩。偶尔也会有一些时候对出差进行更仔细的核准——可能每年只让参加一两次会议——但在大多数情况下，如果我们需要购买设备或旅行，都可以报销，不会被寻根问底。

富含难题的环境。正如迪克·汉明所说，不研究重要问题，就不可能做重要工作。几乎所有主题都可能重要，并与 AT&T 的通信任务相关。计算机科学是新领域，在理论和实践两方面都有很多想法可以求索。当然，理论和实践之间的相互作用特别富有成效。语言工具和正则表达式就是很好的例子。

在AT&T内部，计算机的使用呈爆炸式增长，Unix在其中举足轻重，对于程序员工作台之类工作支持系统尤为如此。主线电话业务也在发生变化，电子-机械式电话交换机让位于计算机控制的电子交换机。同样，这也是有趣的数据和项目来源，而且经常能够因科研而得到改进。坏处在于，大部分交换机研发工作都由印第安山（位于伊利诺伊州内帕维）的大型开发部门承担，所以经常需要去芝加哥出差。距离问题很难克服，今天仍然是个麻烦。再优秀的视频会议系统也无法取代就在隔壁的合作者和随手可得的专家。

贝尔实验室的科学家们也被要求融入学术研究界，因为学术界是科研问题和见解的另一来源，而且能借此紧跟施乐PARC[①]和IBM Watson[②]等其他工业研究实验室的进展。我们参加同样的会议，在同样的期刊上发表文章，还经常与学术界的同事合作，双向学术休假。例如，1996年秋天我在哈佛大学任教，得到了贝尔实验室的全力支持。他们甚至继续给我发工资，让哈佛大学捡了个便宜。1999—2000学年在普林斯顿大学也是如此。

除了讲授内部课程，很多同事也在高校任教。普林斯顿大学、纽约大学、哥伦比亚大学和西点军校等附近的学校算是近水楼台，要去更远的地方做长期访问也没有多大难度：肯·汤普森在伯克利待了一年，罗布·派克在澳大利亚待了一年，道格·麦基尔罗伊在牛津待了一年。外部知名度对于招聘以及紧跟业界发展都很重要。“酒香也怕巷子深”，在

① 全称是Xerox Palo Alto Research Center，即施乐帕洛阿尔托研究中心。——译者注

② 全称是IBM's Thomas J. Watson Research Center，即IBM托马斯·J. 沃森研究中心。——译者注

今天看来依然如此。

聘请优才。慎于雇人。在 1127 中心通常每年只能新雇一两人，而且几乎都是年轻人，所以招聘决策非常谨慎，也许是过于谨慎了。当然，这也是高校熟悉的问题：人们往往不清楚该招专才还是通才。正如史蒂夫·约翰逊所说，我们应该雇用运动员还是一垒手[①]？我的首选是那些术有专攻的人，至于具体什么专业领域倒在其次。

无论如何，贝尔实验室努力尝试吸引优秀人才。科研部门招聘官每年拜访各大计算机科学系一两次，考察博士生。一旦发现可造之才，就邀请他们去实验室待几天。通常会有好几个小组负责面试，有的来自 1127 中心，有的来自其他部门。我在第 1 章中提到的针对妇女和少数族裔的 GRPW 和 CRFP 等项目也起了很大作用，因为它们培养了一流的长期雇员人选，这些候选人在读研时已经和我们相处了很久。

我们让自己的研究人员当招聘官，而不借助专业招聘官。积极的研究者能和师生们讨论技术话题，总能学到有用的东西，为公司树立正面形象。

与高校的关系往往是长期的。我在匹兹堡的卡内基梅隆大学（Carnegie Mellon University，CMU）担任招聘官至少 15 年。我每年去两次 CMU，每次待上几天，与计算机科学系的教师谈论他们的研究，并与可能有兴趣到贝尔实验室工作的学生交谈。即使他们最终没有加入实验室，我也交到了好朋友。竞争非常激烈，因为好大学都在积极招人，顶尖的工业研究实验室也在积极招人，所以我的名单上有很多人被抢走

① 棒球比赛中防守一垒的队员。——译者注

了。这群人后来成就卓著，当时我希望能全数网罗，算得上是有眼光。

技术管理。管理者必须了解他们所管理的工作。贝尔实验室研究中心的各级管理层都有技术背景，他们对自己组织内部和其他组织的工作都有翔实的了解。部门主管应当知晓手下工作的细节，不是为了争论它有多了不起，而是为了能够解释给其他人听，帮助建立联系。起码，1127 中心不存在“争地盘”问题。合而不争。管理层支持自己人，但互相之间经常合作，从不竞争。我不确定这是不是一种普遍经验，但确实值得追求。这该是管理者激励机制的一部分。

虽然贝尔实验室的各级管理层都有丰富的技术知识，但 AT&T 的上层管理人员似乎对新技术不感冒，适应变化的速度很慢。例如，在 20 世纪 90 年代初，时任 1127 中心主任桑迪・弗雷泽对 AT&T 高层说，网络的改进意味着长途通话价格将从当时的每分钟 10 美分降到每分钟 1 美分。他被嘲笑了一通。今天的价格已经很接近每分钟 0 美分，桑迪还是太保守了。

协作环境。贝尔实验室规模庞大、规格高级，几乎在每个技术领域都有多名专家，而且往往是各自领域的世界顶尖人物。此外，贝尔实验室的文化强烈鼓励合作和帮助。走进别人的办公室寻求帮助绝对是标准做法，大多数情况下，被请求者都会放下手头的一切来协助。实验室还有一流的技术图书馆，每天 24 小时开放，订阅大量期刊，并可远程访问其他图书馆；它相当于高校的图书馆，但重点放在科学和技术方面。

对于 1127 中心的许多人来说，距离最近的相关领域专家在 1121 数学研究中心，那里有非凡的数学家，包括罗恩・格雷厄姆（Ron

Graham）、迈克·加里、大卫·约翰逊、尼尔·斯洛恩（Neil Sloane）、彼得·肖尔（Peter Shor）、安德鲁·奥德里兹科（Andrew Odlyzko）……名单还可以一直列下去。约翰·图基（John Tukey）可以说是当时世界上最重要的统计学家（顺便说一下，他是“比特”一词的发明者），就在对面办公室。数学和通信的几乎所有方面都有强悍的专家。例如，我现在的普林斯顿大学的同事罗伯特·塔扬（Robert Tarjan），1986 年图灵奖得主之一，当时就在数学中心。

他们总是随时准备提供帮助，而且并不只在技术问题上提供帮助。例如，罗恩·格雷厄姆是杰出的数学家，也是一位杂耍专家，曾任国际杂耍家协会（International Jugglers' Association）主席。他甚至在办公室放了张网，可以接住快落地的杂耍球。罗恩曾经说过，他能在 20 分钟内教会任何人玩杂耍。这对我来说恐怕不太现实，但一个小时的手把手指导（在他的办公室里！）确实让我初窥门径。我现在还保留着他给我练习用的曲棍球。

乐趣。享受你的工作以及与你的同事一起工作的时光，这很重要。1127 中心几乎总是个有趣的地方。人们在这里不仅仅是为了工作，更是因为希望留在卓越团队里。由于工作餐只能在公司食堂吃，午饭时间就兼具了社交与技术讨论功能。Unix 房间成员通常在下午 1 点吃饭，而公司其他人则经常在上午 11 点吃饭。席间话题从大大小小的技术想法到不受限制的政治观点，不一而足；饭后在贝尔实验室周围散步时，常常会继续讨论这些话题。

中心成员之间互相恶作剧，并从反击任何大公司都不可避免的官僚主义中获得了或许不该有的乐趣。我已经提到过对胸牌的不屑。我们用各种工作表格和程序玩了更多“把戏”。

例如，安保人员会对违反某种或某些规则的汽车开出罚单。春季的一天，迈克尔·莱斯克找到一张空白罚单，他把罚单贴在了一位同事的挡风玻璃上，罚单上列出的违章行为是“未能在4月1日前拆除滑雪架”。这位同事姓甚名谁不必深究，总之他好几个小时都没识破。

罗布·派克和丹尼斯·里奇带着十几个人，在专业魔术师佩恩（Penn）和特勒（Teller）的帮助下，戏弄了阿尔诺·彭齐亚斯，到目前为止，这是最精心准备的恶作剧。篇幅所限，本书不打算详细描写，你可以在贝尔实验室网站找到丹尼斯讲述的“实验室欺诈”故事，还可以在互联网上观看视频[①]。片尾字幕中把我列为“灯光师”，没错，还用上了大量胶带。

贝尔实验室不提供免费食物（这是现代福利，当年如果有的话我会很感激），但不知何故，我们有免费咖啡喝，管理层会悄悄付钱。

人们把食品留在Unix房间里，供大家享用。有人曾经留下一大袋10千克的优质巧克力，让大家分着吃。但不总有这么高规格的食物：

> “有人带了一袋贴着中文标签的物品来。大家都咬了一口，然后就放弃了。后来，我们发现它越变越少：一定是哪个家伙在偷吃。袋子快见底时，有位懂中文的人告诉我们，袋子上的说明写着，在开水中浸泡一小时后食用。”

可是，如今人们对这种常见的团队建设活动的热情很低，很多人认

① 在这段视频中，罗布·派克与丹尼斯·里奇成功地让彭齐亚斯相信自己在与具备语音识别能力的人工智能对话。——译者注

为，这些活动矫揉造作、毫无意义，纯属浪费时间。

要建立和维持一个组织，使其成员相互喜欢和尊重，并享受彼此的陪伴，这需要付出努力。不能靠管理部门的命令，也不能靠外部顾问来创造。它是在一起工作的乐趣中有机地成长起来的，也是在一起玩耍的乐趣和互相欣赏中成长起来的。

9.3 认可

Unix 及其主要创建者肯·汤普森和丹尼斯·里奇的贡献得到了认可。当他们在 1983 年获得 ACM 图灵奖时，该奖评选委员会表示：

> "Unix 系统的成功源于其高品位的关键概念选择及优雅的实现。Unix 系统模式引领了一代软件设计者对编程的新思考。Unix 系统的天才之处在于其框架，它使程序员能够相互倚重。"

他们还在 1999 年获得了美国国家技术奖章。按照当时标准，贝尔实验室起码是一个非常不正式的环境。正如丹尼斯在他的在线传记中所说："肯不修边幅。除他的妻子邦妮・T 之外，估计只有我和很少几个人见过他穿上礼服（甚至系了黑领带）。" 我个人根本没见过肯认真打扮过。

他们获得的其他荣誉包括成为美国国家工程院院士，以及荣获 2011 年日本信息与通信奖，获奖理由是：

> "与当时盛行的其他操作系统相比，他们的新型先进操作系统更简单、更快捷，而且具有方便用户的分层文件系统。

> Unix是与C语言共同开发的，C语言至今仍被广泛用于编写操作系统，极大地提高了Unix源代码的可读性和可移植性。因此，Unix已被嵌入式系统、个人计算机和超级计算机等各种系统所采用。
>
> “Unix也是互联网发展的主要推动力。加利福尼亚大学伯克利分校开发了伯克利软件发行版（BSD），这是Unix的扩展版本，与互联网协议套件TCP/IP一起实现。BSD的开发基于贝尔实验室在1975年连同其源代码一起分发给高校和研究机构的Unix第6版，这是开源文化的肇始。BSD Unix帮助实现了互联网。”

其他形式的认可较不正式，标志着Unix和C语言进入了流行文化。如C语言出现在流行电视节目《危险边缘》（*Jeopardy*）中。

```
From dmr@cs.bell-labs.com Tue Jan  7 02:25:44 2003
Subject: in case you didn't see it

On Friday night on "Jeopardy!", in a category called
"Letter Perfect" (all the answers were single letters),
the $2,000 (most difficult) question was:

DEVELOPED IN THE EARLY 1970S, IT'S THE MAIN PROGRAMMING
LANGUAGE OF THE UNIX OPERATING SYSTEM.
```

来自 dmr@cs.bell-labs.com 2003年1月7日 02:25:44

主题：以防你没看到

周五晚上的《危险边缘》节目，在一个叫作“完美字母”（所有答案都是单字母）的环节，2 000美元（最难）的问题是：

开发于20世纪70年代初，Unix操作系统的主要编程语言。

1993 年电影《侏罗纪公园》(*Jurassic Park*) 中有个著名场景，13 岁的莱克斯·墨菲［Lex Murphy，阿丽亚娜·理查兹（Ariana Richards）饰］说：“这是个 Unix 系统！我会用。”她浏览文件系统，找到大门控制装置，锁上了门，从而使大家免于被迅猛龙吃掉（图 9-1）。这一幕可以说是极客们的高峰时刻。

图 9-1　《侏罗纪公园》中出现的 Unix

1127 中心的其他成员，部分得益于 Unix 促成的丰富环境，也得到了专业上的认可。如 1127 中心还有其他 8 位老同事都是国家工程院院士。

9.4　历史能重演吗

会不会有另一个 Unix？会不会有新操作系统横空出世，在几十年内占领世界？当我谈到 Unix 时，经常会被问到这样的问题。我的回答是不会，至少目前不会。不会有革命发生。更有可能的是，操作系统将继续发展，同时携带大量的 Unix DNA。

但在计算机的其他领域也可能获得类似成功。总有一些有创造力的人，好的管理并非闻所未闻，硬件非常便宜，优秀的软件往往免费。另一方面，不受约束的环境很少，工业研究比 50 年前大幅减少，受到很多限制，而且远比 50 年前短视，学术研究的资金总是很紧张。

不过，我还是很乐观，理由是伟大的创意总来自个体。

例如，早期为 Unix 做出贡献的人很少，可以说核心就是肯・汤普森一人而已。他无疑是我见过的最棒的程序员，也是无人可以比肩的原创思考者。丹尼斯・里奇与肯共同创造了 Unix，他是重要的贡献者。丹尼斯的 C 语言是早期 Unix 发展的核心，至今仍是计算机的通用语言。考察一下程序员们每天使用的语言，这些语言最初往往出自一两个人之手，这很有启发意义。几乎所有主要的编程语言都是如此，包括 Java（詹姆斯・高斯林，James Gosling）、C++（本贾尼・斯特劳斯特鲁普）、Perl（拉里・沃尔，Larry Wall）、Python（吉多・范・罗苏姆，Guido van Rossum）和 JavaScript（布伦丹・艾奇，Brendan Eich）。似乎可以预见，将会继续有新的语言出现，让编程变得更简单、更安全。同样可以预测，不会只有一种语言，然而每种语言都有得有失，无法满足所有目的。

谷歌、Facebook、亚马逊、Twitter、优步（Uber）以及其他从初创企业发展到数十亿美元规模企业的公司，都源于一两个人的聪明想法。这种情况会更多，不过也有可能新想法和新公司一出现，很快就被大公司夺走。聪明的想法可能会被保留下来，发明者也会得到丰厚回报，但大鱼很可能很快就会吃掉小鱼。

良好的管理是成功的另一要素。道格·麦基尔罗伊独树一帜，他是智识出众的领导者，具有无可比拟的技术判断力。他的管理风格是，总要最先尝试同事们开发的任何东西。Unix 本身，还有像 C 和 C++ 这样的语言，以及每个 Unix 工具，都得益于道格的良好品味和犀利批评。Unix 的各种文档，从用户手册到几十本有影响力的书，也是如此。我可以亲自证明这一点。道格是我 1968 年博士论文的外审，对我所有的技术论文和书籍做了精辟的评论，让我在 50 多年后的今天仍然能够紧盯目标持续进步。

贝尔实验室的管理层技术能力很强，在 1127 中心尤其如此。管理层可以鉴别出优秀工作，而且从不干涉，所以它不会强求特定的项目或方法。在实验室工作的 30 多年里，我从来没有被告知要做什么工作。接任比尔·贝克研究副总裁一职的布鲁斯·汉内（Bruce Hannay）1981 年在《贝尔系统的工程与科学史》一书中说：

> "自由选择对研究科学家来说至为重要，因为研究是对未知的探索，没有路线图可以告诉你该怎么走。每一个发现都会影响未来的研究方向，没有人能够预测或规划发现。因此，贝尔实验室的研究管理人员在符合机构宗旨的前提下，为研究人员提供了尽可能大的自由度。研究人员都因其创造力而被选拔出来，公司鼓励他们充分地发挥这些能力。"

我所见过的这种近乎绝对自由的最好的例子之一就是肯·汤普森和乔·康登的国际象棋计算机研发工作。有一天，贝尔实验室总裁比尔·贝克带着位重要访客来到 Unix 房间。肯展示了 Belle。访客问，贝尔实验室为什么会支持国际象棋计算机研发工作，这似乎与电话没有任何关系。比尔·贝克回答说，Belle 是特殊用途计算机的实验，它推动了新的电路设计和实现工具的发展，还给贝尔实验室在其他领域带来知名度。贝克言之有理，肯也点头称是。

做好研究的最大秘诀是雇用优才，确保让他们做有趣的事情，着眼长久，而且不横加干涉。当然这并不完美，但贝尔实验室的研究一般都能很好地做到这一点。

当然，计算并不存在于技术真空中。晶体管的发明，然后是集成电路的发明，意味着 50 年来计算硬件不断以指数级速度变得更小、更快、更便宜。随着硬件变得更好，软件编写变得更容易，我们对如何创建软件的理解也变得更好。Unix 和许多其他系统一样，搭上了技术改进的浪潮。

正如我在前言中所说，Unix 可能是一个奇点，它是改变计算机世界的各种因素的独特组合结果。我怀疑我们是否会在操作系统中再次看到类似情形，但在其他领域里，肯定会有少数有好想法的人才得到支持，用他们的发明改变世界。

对我来说，贝尔实验室和 1127 中心是一段奇妙的经历：一个有着无限可能的时间和地点，还有一群一流的同事，他们将这些可能性发挥得淋漓尽致。很少有人能有幸拥有这样的经历。这段经历中宝贵的当然是共同创造，但更加宝贵的是参与共同创造的朋友和同事。

“我们想维护的不仅是良好的编程环境，而且是能促进团队形成的系统。经验告诉我们，公用计算的本质……不仅是用键盘而非穿孔卡在终端机上输入程序，而且是鼓励密切的交流。”

——丹尼斯·里奇，“The Evolution of the Unix Time-sharing System”（Unix 分时系统的演进），1984 年 10 月

资料来源

“Unix 里，如果有什么东西不知道是谁的功劳，归功于里奇和汤普森一定没错。”

“要想看得长远，需要写一部专著而非仅一份报告，需要更冷静的学者而非亲历者。”

——道格·麦基尔罗伊，*A Research Unix Reader: Annotated Excerpts from the Programmer's Manual*，*1971–1986*，1986

业余的和专业的历史学家们（如 Unix 遗产站和计算机历史博物馆）兢兢业业，再加上一点好运，在网上保留了许多 Unix 历史（尽管并不全可搜索）。更多材料可参见采访视频和口述历史。这些材料有些出自当年，如 AT&T 的各种公关资料，有些是回顾性的。这份资料清单绝不完整或全面，但它会给想要深入挖掘的读者以良好开端。其中有许多可以在互联网上找到。

《贝尔系统的工程与科学史》共有 7 卷，近 5 000 页，由贝尔实验室的技术人员撰写，大多是 20 世纪 70 年代和 80 年代的作品。其中一卷涉及相对较晚出现的电子计算。

贝尔实验室在网上维护着一系列关于 Unix 历史的短页。

迈克尔·诺尔是 20 世纪 60 年代和 70 年代初语音和声学研究中心的成员，他写了一本回忆录，介绍他在实验室的时光，以及他作为比尔·贝克论文编辑时的经历；可以在迈克尔·诺尔的个人网站上找到这本书，还有其他各种翔实的历史信息。这是一本了解实验室基本情况以及语音和声学研究领域的优秀读物。迈克尔对贝尔实验室的集体性和开放性的记忆与我的记忆基本一致，只是他觉得事情开始分崩离析的时间比我早得多，这也许是因为我们在不同的领域（虽然组织结构上相邻）。

汤姆·范·弗莱克（Tom Van Vleck）维护着一个完整的 Multics 历史信息库网站。

1978 年 7 月《贝尔系统技术杂志》Unix 特刊有几篇基础性论文，包括 CACM 论文的更新版本，肯的“Unix Implementation”（Unix 的实现），丹尼斯的“Retrospective”（回顾），史蒂夫·伯恩关于 shell 的论文，以及泰德·杜洛塔、迪克·海特（Dick Haight）和约翰·马希关于 PWB 的论文。

1984 年《AT&T 贝尔实验室技术杂志》（*AT&T Bell Labs Technical Journal*）Unix 特刊收录了丹尼斯·里奇的论文“Evolution of Unix”（Unix 的演进），以及本贾尼·斯特劳斯特鲁普“Data Abstraction in C”（C 语言中的数据抽象）等有趣的文章。

道格·麦基尔罗伊的《科研版 Unix 读本》是特别好的历史背景资料，可以在网上找到。

由沃伦·图米在许多志愿者的帮助下运营的 Unix 遗产站保存了早期 Unix 版本的代码和文档，很值得浏览，在其上面甚至有丹尼斯·里奇提供的第 1 版代码。

已故的普林斯顿大学科学史教授迈克尔·马奥尼在1989年夏秋两季采访了1127中心的十几位成员，记录了大量Unix口述史。迈克尔的原始记录和经过编辑的采访记录由普林斯顿大学历史系保存，可以在普林斯顿大学的网站上找到。迈克尔非但是一流的历史学家，还是个程序员，他能真正理解采访对象在说什么，所以记录往往有着相当的技术深度。

菲利斯·福克斯是贝尔实验室数值计算和女性技术人员的先驱，她在2005年为工业与应用数学协会（Industrial and Applied Mathematics，SIAM）做了一篇口述史，可在SIAM网站上查阅。这篇口述史包括了对可移植Fortran库PORT的详细描述。

2019年5月我与肯·汤普森在美国东部复古电脑节上的炉边谈话可在YouTube上找到。

有两本关于Unix早期历史的书可供免费下载：唐·里布斯（Don Libes）和桑迪·莱斯勒（Sandy Ressler）撰写的*Life with Unix*（1989）和彼得·萨鲁思（Peter Salus）撰写的*A Quarter Century of Unix*（1994）。

丹尼斯·里奇在（诺基亚）贝尔实验室的主页被保留了下来，在其上面有丹尼斯写的大部分论文和其他历史资料的链接。

柯克·迈库西克（Kirk McKusick）是BSD的核心人物，他写了一本详尽的BSD历史，可以在奥莱利（O'Reilly）公司网站上找到。伊恩·达尔文（Ian Darwin）和杰夫·柯里尔（Geoff Collyer）的文章从不同角度提供了见解。

索　引

A

B

C

D

E

F

G

H

I

J

K

L

M

N

O

P

T

U

Z